DAS SKURRILE ERFINDERBUCH

von KiKA-Moderator André Gatzke

BELTZ
& Gelberg

DIESES BUCH HAT MEHR FUNK-TIONEN ALS EIN TASCHENMESSER. Du kannst es zum Beispiel im Herbst zum Blumenpressen benutzen. Oder im Winter als Sitzkissen. Im Sommer bietet es dir einen hervorragenden Sonnenschutz. Auch Regen hält es für eine gewisse Zeit ab. Tauchen habe ich noch nicht probiert, aber vielleicht fällt dir ja noch mehr ein.

DU KANNST ES ABER AUCH EINFACH LESEN. Jede Seite vor- und rückwärts, wobei nur eine Richtung wirklich sinnvoll ist. Aber probiere es am besten einfach mal aus! Denn genau darum geht es in diesem Buch. Ums Ausprobieren. Ums Erfinden. Um den Mut, etwas zu basteln und zu bauen, das du vorher noch nie gebaut oder gebastelt hast!

Ich hatte zum Beispiel die Idee, eine Konfettirakete zu erfinden. Das ging ganz leicht, ich habe nicht viele Dinge gebraucht. Dann kam eine T-Shirt-Faltmaschine und später ein Malroboter, der für mich Postkarten gezeichnet hat ... Und noch vieles mehr. Manche Sachen sind verrückt, andere nützlich – wie ein selbst gebautes Handyladegerät oder ein Lautsprecher. Wenn mir irgendwo etwas fehlte, habe ich es einfach erfunden.

OKAY, ZUGEGEBEN, EIN BISSCHEN HILFE HATTE ICH AUCH. Mein Nachbar Herr Funk hat immer wieder ausgeholfen, wenn mir etwas gefehlt hat. Oder er hat mir erklärt, wie die Sachen genau funktionieren, manchmal auch, wer sie erfunden hat.

Du kannst dir meine Erfindungen anschauen und sie nachbauen. Du kannst sie weiterentwickeln oder – noch besser – selber etwas erfinden! Erfinder und Erfinderinnen haben nämlich keine Angst, Dinge zu denken, die sich andere Leute nicht vorstellen können. Und wenn mal etwas nicht funktioniert, bau es um – anders oder neu. Manchmal wird etwas gerade dadurch, dass es nicht so läuft wie geplant, zu dem, was es ist.

HERZLICH WILLKOMMEN!

ALLE ANDRÉ-ERFINDUNGEN AUF EINEN BLICK

BIST DU BEREIT?

DIE PARTY-KONFETTIRAKETE 10

DER KRÜMEL-STAUBSAUGER 22

DIE GENIALE GETRÄNKEMIXMASCHINE 34

DAS LUSTIGE, SAURE LADEGERÄT 44

DIE RÜTTEL-SCHÜTTEL-TASCHENLAMPE 52

DER VERRÜCKTE PUTZROBOTER 64

DIE T-SHIRT-FALTMASCHINE 76

DAS DURCHGEDREHTE FLUGZEUG 86

DER URLAUBS-LAUTSPRECHER 100

DIE POSTKARTEN-MALMASCHINE 108

DAS NICHT DAMPFENDE DAMPFSCHIFF 118

DER BESTE BAGGER 128

DIE EISCOOLE EISMASCHINE 144

DAS SIND DIE AUTOREN 154

DANKESCHÖN 155

DIE PARTY-KONFETTIRAKETE

Geburtstagsparty! Heute feiere ich Geburtstag und will richtig schick dekorieren! Dafür habe ich Teller, Becher und eine super Tischdekoration besorgt. Was mir aber noch fehlt, ist Konfetti, damit wird alles bunter und lustiger. Konfetti sieht aber nur dann richtig toll aus, wenn es als Konfettiregen herunterregnet!

WOW!

→ **DAS BRAUCHST DU:**

WERKZEUGE

LOCHER

TASCHENMESSER

LUFT-
PUMPE

MATERIAL

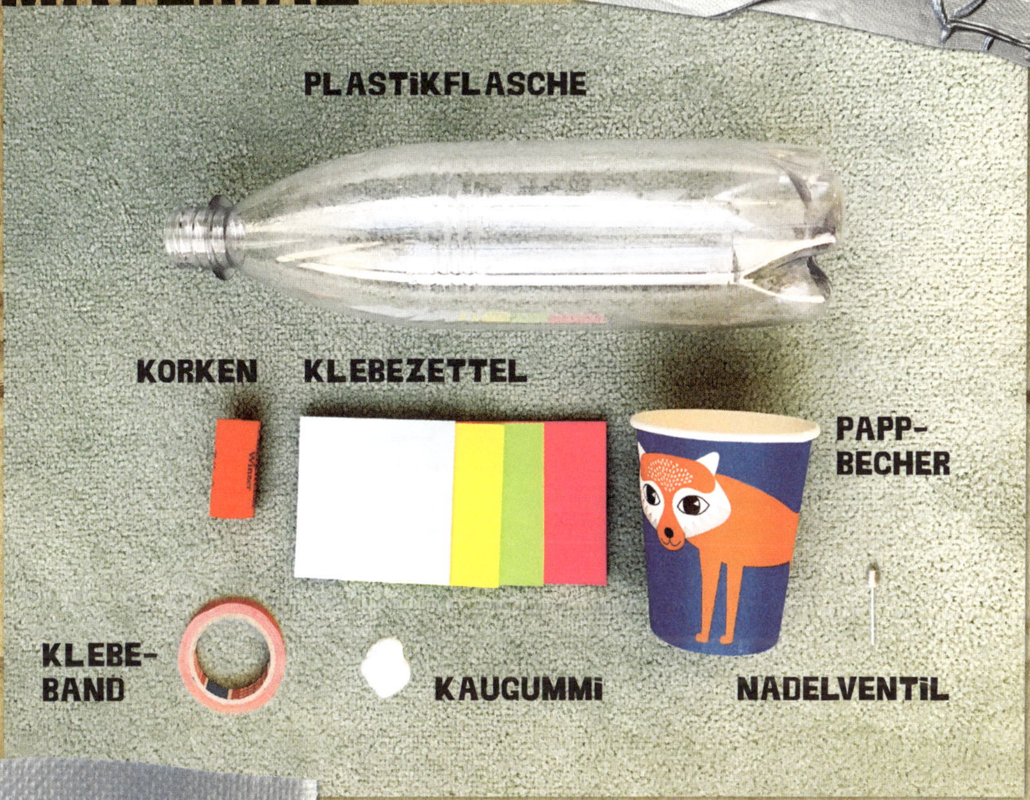

PLASTIKFLASCHE

KORKEN

KLEBEZETTEL

PAPP-BECHER

KLEBE-BAND

KAUGUMMI

NADELVENTIL

→ SO WIRD'S GEMACHT:

UND LOS!

1 Ich brauche erst mal eine Rakete. So wie diese leere Plastikflasche. Natürlich ist die Flasche nicht leer, in ihr ist Luft, die meine Rakete antreiben wird.

DIE ANDRÉ-KONFETTIRAKETE // BILD 01

2 Damit die Flasche aussieht wie eine Rakete, klebe ich ihr Flügel an. Dafür nehme ich Klebezettel. Die Flügel sollen die Rakete beim Flug auf Kurs halten, damit sie nicht unkontrolliert durch die Gegend saust!

DIE ANDRÉ-KONFETTIRAKETE // BILD 02

LUST AUF KAUGUMMI?

3 Jetzt brauche ich noch ein Gefäß für das Konfetti. Ein Pappbecher eignet sich dafür perfekt! Den Becher klebe ich mit Kaugummi (oder Klebstoff) auf den Boden der Flasche. Der Becher wird so zur Spitze der Rakete und die Flaschenöffnung ist meine Raketendüse!

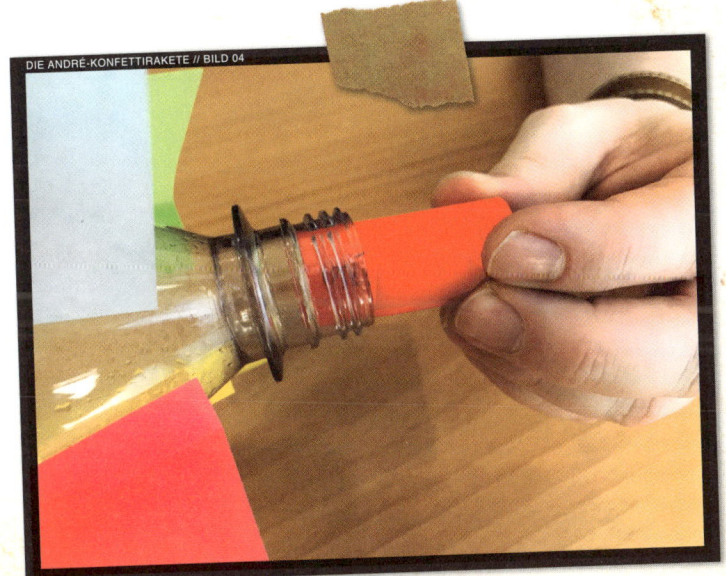

4 Jetzt baue ich die Startrampe. Ein Korken aus einer Flasche eignet sich dafür perfekt. Er passt genau in die Flaschenöffnung und schließt diese luftdicht ab!

TIPP: Wenn der Korken zu klein ist, kannst du einfach Klebeband um den Korken wickeln. Dann wird der Korken breiter und passt besser in die Flasche!

→ SO WIRD'S GEMACHT:

5 Die Rakete wird mit Luft betrieben, genauer gesagt, Druckluft. Und die Druckluft drücke ich mit einer Luftpumpe in die Flasche. Dafür muss ich aber das Nadelventil der Luftpumpe durch den Korken stecken. Wenn der Korken länger ist als die Nadel, schneidet man den Korken einfach zur Hälfte durch. Dann passt die Nadel.

ACHTUNG, FINGER!

6

Den Korken in die Flasche stecken. Etwas fehlt mir noch?! Was nur? Ach ja, Konfetti! Woher bekomme ich nur Konfetti?

Sekunde, ich frag mal meinen Nachbarn **HERRN FUNK**, vielleicht hat der ja Konfetti?

KÖNNEN SIE MIR HELFEN, HERR FUNK?

»Herr Funk, haben Sie zufällig Konfetti?«

»Oh, André, warte, hier, meine Konfettimaschine! Einige Leute nennen so ein Gerät auch Locher, aber Konfettimaschine klingt viel besser und ist genau das, was du brauchst.«

»Oh, danke!«

Ja, der Herr Funk, so was, hat der einfach 'ne Konfettimaschine!

→ SO WIRD'S GEMACHT:

7 Das Konfetti fülle ich in den Becher.

8 Jetzt die Luftpumpe ans Ventil setzen und pumpen. Wenn der Luftdruck in der Flasche groß genug ist, dann startet die Rakete!

9 Und wenn sie dann nicht mehr nach oben steigt, fällt sie herunter und das Konfetti regnet aus dem Becher auf den Boden.

DIE ANDRÉ-KONFETTIRAKETE // BILD 09

KONFETTI-ALARM!

WAS HERR FUNK DAZU NOCH WEISS:

Damit eine Rakete abheben kann, muss sie sich vom Boden abdrücken. Bei der Konfettirakete haben wir viel Luft in die Flasche gepumpt und diese Luft drückt dann gegen den Korken. Verrückt ist dabei nur, dass der Korken auch gegen die Luft in der Flasche drückt. Da findet ein echtes Kräftemessen zwischen Luft aus der Flasche und Korken statt. Wer gewinnt? Natürlich der Korken! Der wird ja festgehalten! Die Luft und damit auch die Rakete werden vom Korken weggedrückt.

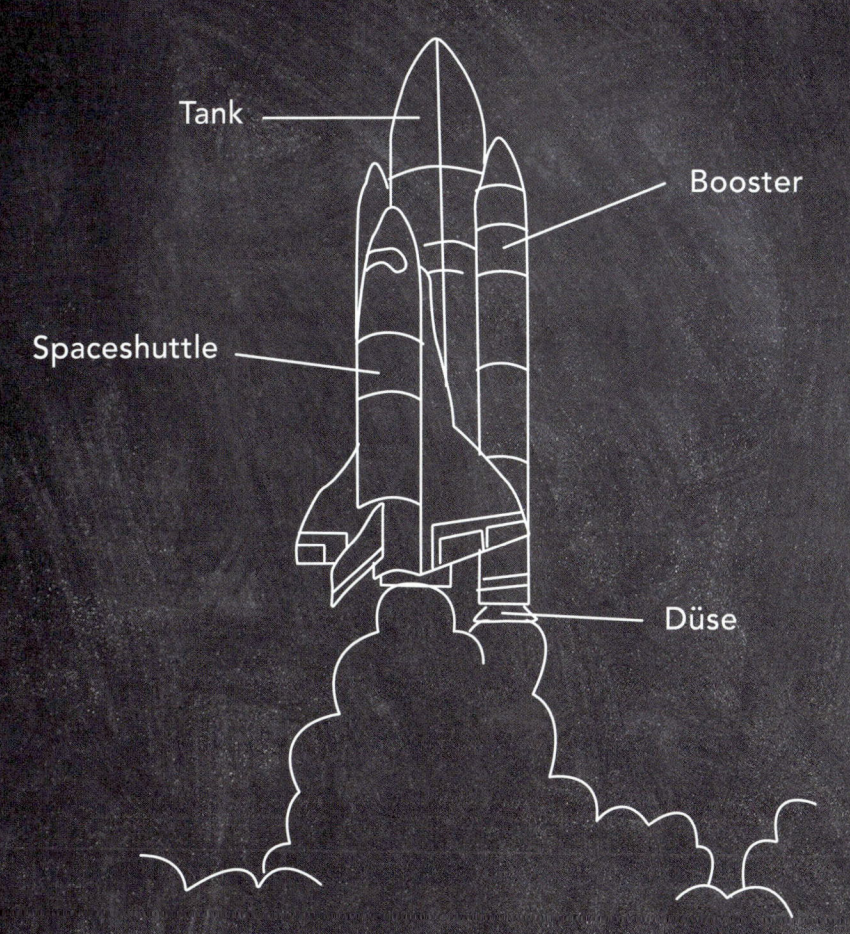

Bei echten Raketen verwendet man keine Luft, sondern zum Beispiel ein Gemisch aus Sauerstoff und Wasserstoff. Diese Gasmischung kann angezündet werden und strömt dann noch schneller aus der Rakete heraus. So kann die Rakete dann sogar bis in den Weltraum fliegen. Da unsere Konfettirakete nur Luft als Treibstoff verwendet, kommt sie nicht sehr weit. Anders wäre es, wenn du ein Glas Wasser mit in die Rakete füllen würdest. Mit Wasser als Treibstoff kann sich die Rakete viel besser abdrücken und fliegt dann auch höher. Der Nachteil ist dann aber, dass du ziemlich nass wirst!

DER KRÜMEL-STAUBSAUGER

Heute ist der Tag der Tage! Ich habe etwas ganz besonders Wichtiges vor. Das geht wirklich nur heute und ich schiebe es schon viel zu lange vor mir her! Es ist alles vorbereitet: Die Bücher, die Getränke und die Zeitschriften liegen auf dem Tisch. Die Fernbedienung, die Salzstangen und die Chips auch – und ich liege daneben auf der Couch! Denn heute tue ich einfach mal nichts …

Erfinder dürfen faul sein …

➜ **DAS BRAUCHST DU:**

WERKZEUGE

CUTTER

NAGEL

HAMMER

MATERIAL

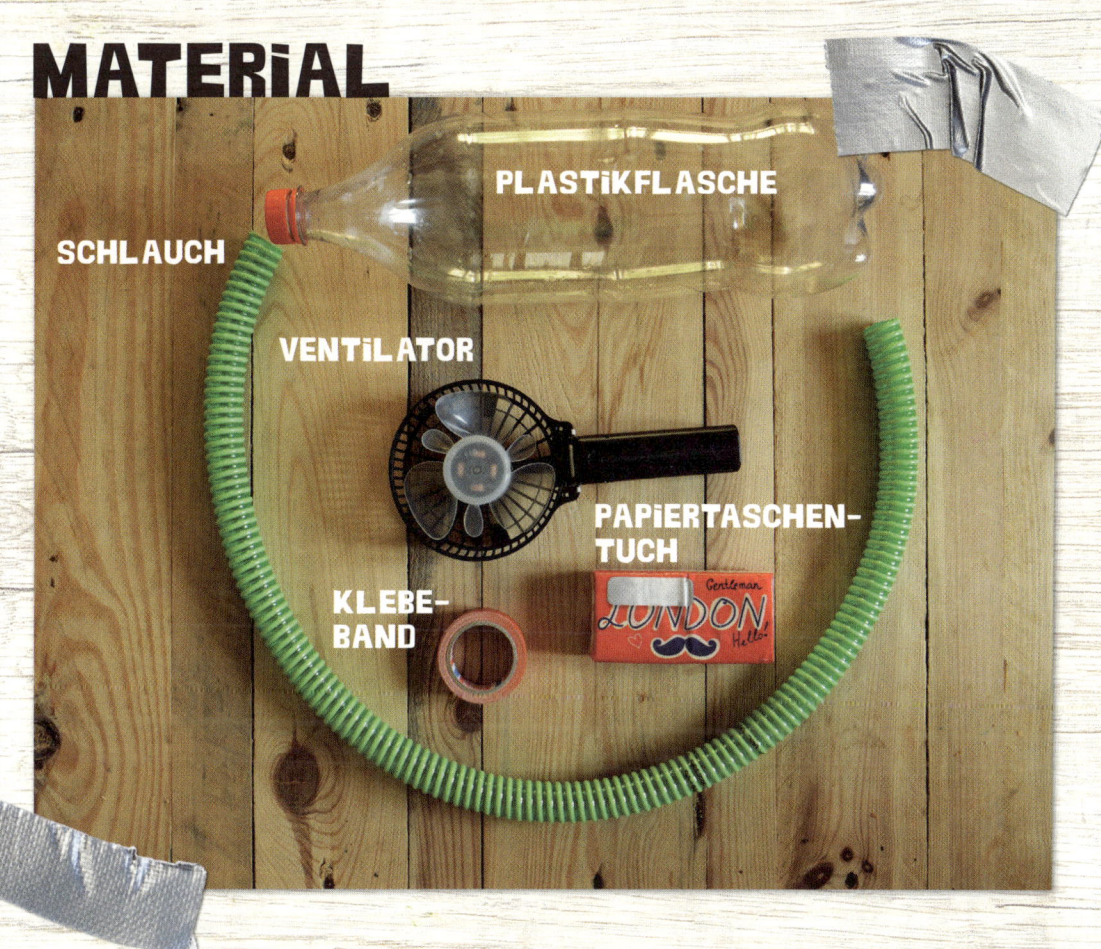

→ **SO WIRD'S GEMACHT:**

1 So eine 2-Liter-Plastikflasche ist ein sauguter Staubsauger! Dafür leere ich die Flasche (Prost!) und schneide den oberen Teil ab.

LÖCHER BOHREN STATT HÄMMERN – GEHT SCHNELLER!

2 Mit Hammer und Nagel schlage ich vorsichtig ein paar Löcher in den Flaschenboden. Aus diesen Löchern soll später die angesaugte Luft wieder herauskommen.

3

Ein Staubsauger braucht einen Filter! Dazu nehme ich ein Papiertaschentuch und ziehe die Lagen des Taschentuchs vorsichtig auseinander. Außer einem Taschentuch braucht ihr dafür etwas Geduld und Feingefühl. Ein Papiertuch ist ganz dünn und sehr luftdurchlässig. Wenn man das Tuch in seine Lagen zerteilt, hat man einen superfeinen und dünnen Luftfilter! So fein, dass Staub und Schmutz darin hängen bleiben.

→ SO WIRD'S GEMACHT:

4 Der Filter, also das Taschentuch, kommt nun oben auf die halbe Flasche. Jetzt die beiden Teile der Flasche wieder zusammensetzen. Hier hilft Klebeband am besten! Es muss nicht farbig sein, sieht aber am besten aus! Jetzt ist die Flasche wieder wie vorher, nur eben mit Filter drin.

DER ANDRÉ-STAUBSAUGER // BILD 04

DER ANDRÉ-STAUBSAUGER // BILD 04A

DER ANDRÉ-STAUBSAUGER // BILD 05

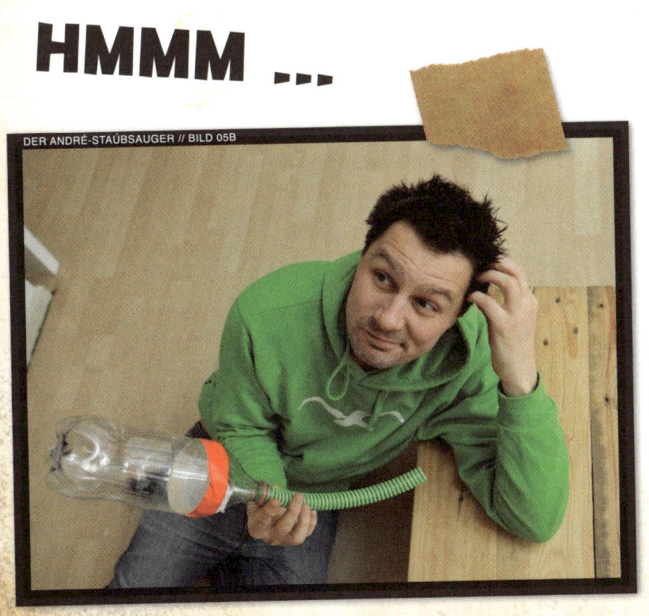

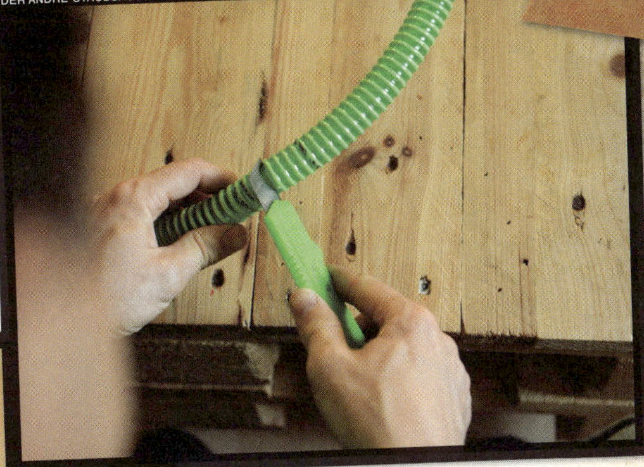

DER ANDRÉ-STAUBSAUGER // BILD 05A

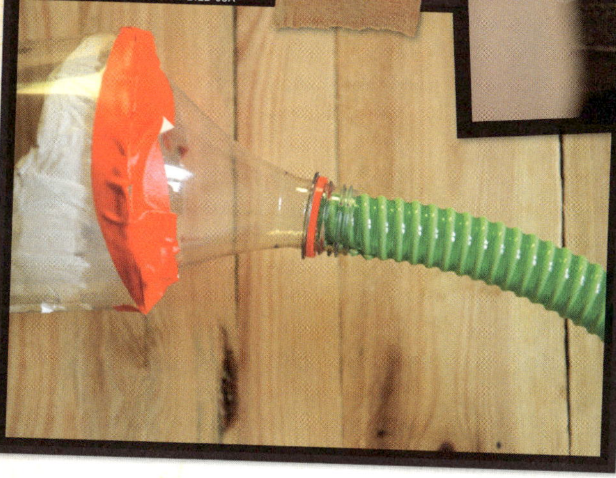

5

Als Staubsaugerschlauch könnt ihr alles Schlauchige nehmen, was ihr findet. Ich habe zum Beispiel einen alten Gartenschlauch gefunden. Das Stück Schlauch sollte ungefähr so lang sein wie das Buch. Meins ist zu lang, daher muss ich mit dem Cutter ein Stück abschneiden. Jetzt passt der Schlauch perfekt in die Flaschenöffnung! Aber etwas fehlt noch ... Ich brauche noch etwas, das die Luft ansaugt!

HMMM ...

DER ANDRÉ-STAÚBSAUGER // BILD 05B

→ **SO WIRD'S GEMACHT:**

DER ANDRÉ-STAUBSAUGER // HERR FUNK

KÖNNEN SIE MIR HELFEN, HERR FUNK?

Das ist allerdings kein Ding, wenn man einen netten Nachbarn hat, der einem aushelfen kann. Herr Funk sitzt gerade in seinem Garten und trinkt einen Eistee.

»Herr Funk, haben Sie zufällig einen Ventilator?«

»Klar! Den brauche ich gerade nicht. Hier, bitte sehr! Kannst ihn ruhig behalten!«

»Super!«

6 Als Staubsaugermotor nehme ich Herrn Funks Handventilator. Der ist batteriebetrieben. Ich schneide dafür ein Loch in die Flasche und stecke den Ventilator hinein.

DER ANDRÉ-STAUBSAUGER // BILD 06

7 Mit Klebeband abdichten. Wenn ich den Ventilator einschalte, dreht er sich im Staubsauger.

8 Der Staubsauger ist nun fertig, Ventilator an und schon kann losgesaugt werden!

WAS HERR FUNK DAZU NOCH WEISS:

Erfunden wurden Staubsauger um das Jahr 1870 in den USA. Allerdings waren die ersten Staubsauger noch lange nicht so handlich wie heute. Sie waren so groß, dass sie auf Pferdewagen durch die Straßen gezogen wurden. Strom gab es auch noch nicht, stattdessen musste man eine Kurbel drehen, die wiederum eine Luftpumpe zum Absaugen angetrieben hat. Erst ab 1906 wurden Ventilatoren in Staubsaugern eingesetzt, und als immer mehr Häuser über Stromanschlüsse verfügten, wurden auch Elektromotoren zum Antrieb der Staubsauger verwendet. Allerdings waren diese Geräte immer noch riesig und sehr teuer. Bis 1950 hatten Staubsauger deshalb eigene Kellerräume. Von hier gingen Rohre in die Räume des Hauses. Man schloss dann im Wohnzimmer einen Schlauch an das Staubsaugerrohr in der Wand an und schon konnte man saugen. Handliche Geräte, die auch günstig waren, gibt es erst ab 1960. Die sahen dann schon fast so aus wie unsere

Dabei funktioniert ein Staubsauger immer nach dem gleichen Prinzip. Aus einer Kammer wird Luft hinausgeblasen oder eingesaugt. Damit entsteht ein Unterdruck. Das bedeutet, dass Luft von außen in diese Kammer strömen will. Ein Filter hält dann den Staub auf, lässt die Luft aber in die Kammer. Fertig ist der Staubsauger!

Es gibt Staubsauger, die den Schmutz in einem Beutel sammeln. Dieser Beutel lässt die Luft hindurch, aber nicht den feinen Schmutz. Andere Staubsauger arbeiten ohne. Andrés Staubsauger ist ein beutelloser Staubsauger. Er sammelt den Schmutz in einer Kammer, die dann nach dem Staubsaugen gereinigt werden muss. Welche Methode die bessere ist, darüber kann man streiten. Aber vielleicht hast du ja eine tolle Idee, wie man den Staubsauger noch weiterentwickeln und -erfinden kann?!

DIE GENIALE GETRÄNKEMIXMASCHINE

Drop In, Axle Stall, Rock to Fackie, Smith Grind ... Skateboard fahren macht ganz schön durstig! Jetzt würde ich gerne Kirschsaft trinken ... oder Bananensaft ... oder Orangensaft! Am liebsten alles auf einmal! Das wäre eine perfekte Mischung!

→ DAS BRAUCHST DU:

→ SO WIRD'S GEMACHT:

1 Zuerst stanze ich in jeden Flaschendeckel ein Loch. Dafür suche ich mir einen unempfindlichen Boden. Jetzt nehme ich einen großen Nagel (eine Schraube geht auch) und schlage ihn vorsichtig in die Deckel. Ein, zwei leichte Schläge und schon ist das Loch drin. Die Deckel schraube ich wieder auf die Flaschen.

2 Die drei dünnen Schläuche stecke ich in den großen Schlauch.

3 Wenn die Schläuche nicht passen, dichte ich offene Stellen mit Heißkleber ab.

GESCHMACKSTIPP: SCHLÄUCHE IMMER SAUBER HALTEN!

4 Jetzt die kleinen Schläuche jeweils durch die Deckel führen. Ist das Loch zu groß, dichte ich es mit Heißkleber ab.

→ **SO WIRD'S GEMACHT:**

5 Die Säfte fließen jetzt durch die kleinen Schläuche in den großen Schlauch und mischen sich dort. Wenn ich die drei Flaschen aufhänge, brauche ich aber etwas, um den großen Schlauch zu verschließen, sonst läuft es immer weiter raus. Moment, da habe ich **DiE iDEE!** Ich frag mal meinen Nachbarn, Herrn Funk!

DIE ANDRÉ-GETRÄNKEMIXMASCHINE // HERR FUNK

KÖNNEN SIE MIR HELFEN, HERR FUNK?

»Herr Funk? Haben Sie etwas, um einen Schlauch zu verschließen?«

»Ja klar, André! Hier hast du die Düse meines Gartenschlauchs! Die habe ich gerade frisch ausgespült! Daraus könnte man jetzt sogar trinken!«

»Oh, perfekt! Danke, Herr Funk!«

Was für ein Glück, dass Herr Funk gerade die Düse gesäubert hat. Damit sollte meine Maschine funktionieren!

6

Ans Ende des dicken Schlauchs kommt jetzt die Gartenschlauchdüse. Die muss natürlich auf den großen Schlauch passen! Zur Not mit etwas Klebeband verkleben.

7

Die drei Flaschen schnüre ich mit einem Seil fest zusammen und befestige sie so, dass die Flaschen kopfüber hängen und der Saft durch die drei kleinen Schläuche in den großen fließt.

8

Wenn ich nun die Gartenschlauchdüse öffne, strömt mein perfekt gemischter Getränkemix heraus! Prost und Roll on!

LECKER!

WAS HERR FUNK DAZU NOCH WEISS:

Der Trick beim Skateboardfahren ist es, die Balance zu halten. Um die Balance zu halten, muss der Körperschwerpunkt vom Skater genau kontrolliert werden. Wenn du deinen Körperschwerpunkt auf dem Skateboard verlagerst, kannst du dem Board Schwung geben, fast wie beim Schaukeln. Trittst du weiter vorne auf das Brett, geht der hintere Teil nach oben, umgekehrt gilt das Gleiche. Mit den richtigen Bewegungen und Schnelligkeit können dann alle möglichen Tricks auf dem Brett durchgeführt werden.

Ach, und Folgendes: 2020 ist Skateboardfahren bei den Olympischen Spielen zum ersten Mal eine Sportart. Vielleicht bist du ja auch dann unter den Sportlerinnen und Sportlern und dank der Getränkemixmaschine!

Das Skateboard hatte seinen Ursprung an dem Tag, als auch das Rad erfunden wurde. Denn es ist nichts anderes als ein Brett, an dem ein paar Rollen oder Räder angeschraubt wurden. Das Brett wird dann ausschließlich mit Muskelkraft bewegt. So ist das Skateboard das älteste Fortbewegungsmittel der Menschheit.

Allerdings dauerte es dann viele Tausend Jahre und viele Erfindungen, wie zum Beispiel die Erfindung von leichten Kunststoffrädern, bis es schließlich das heutige Skateboard gab, wie du es kennst. Bei einem so tollen Sportgerät gibt es natürlich viele Legenden, wie das Skateboard entstanden ist. Aber eine Geschichte stimmt wohl. In den 1960er- und 1970er-Jahren war ein Sport bei Jugendlichen an der amerikanischen Westküste besonders beliebt: das Surfen! Allerdings kann man nicht immer surfen. Man muss auf das richtige Wetter und die optimalen Bedingungen warten. Deshalb hatten die Jugendlichen die Idee, unter die Surfbretter Rollen aus Kunststoff zu montieren. Später wurden diese Räder dann sogar mit Gummidämpfungen versehen, das machte die Fahrt auf den harten Straßenbelägen bequemer.

DAS LUSTIGE, SAURE LADEGERÄT

Heute gehe ich zelten! Puh, endlich steht mein Zelt. Und es ist wirklich ein tolles Zelt. Das muss ich gleich meinem Nachbarn, Herrn Funk, erzählen! Ich ruf ihn einfach mal an – oh Mann, aber der Akku meines Handys ist mal wieder leer! Zu viel Musik gehört! Und hier draußen habe ich doch gar keine Steckdose für mein Ladekabel … Was mache ich denn jetzt?

→ DAS BRAUCHST DU:

➜ SO WIRD'S GEMACHT:

1 In die Zitrone stecke ich abwechselnd Münzen und Nägel.

2 Nun wickle ich Kupferdraht (Achtung, der darf nicht lackiert sein!) abwechselnd um die Münzen und die Nägel. Sieht total seltsam aus!

3 Die beiden Enden meines Drahtes wickle ich nun um die Kontakte meines USB-Ladegerätes.

4 Jetzt das Ladekabel in mein Handy stecken und das andere Ende in den USB-Stecker! Fertig! Jetzt lädt die Zitronenbatterie mein Handy. Gleich kann ich Herrn Funk von meiner Erfindung erzählen und ihm sogar ein Foto vom Zelt schicken!

TiPP: Am besten nicht die Metalle berühren und die Zitrone hinterher auf keinen Fall essen!

WAS HERR FUNK DAZU NOCH WEISS:

Die Zitronenbatterie funktioniert, weil sich zwei unterschiedliche Metalle in der Zitrone befinden. Zwischen Kupfer und Zink gibt es nicht nur einen farblichen Unterschied, sondern auch einen elektrochemischen Unterschied, ein elektrisches Potenzial. Das bedeutet, dass Elektronen von dem einen Metall zum anderen wandern möchten. Alles, was sie dafür brauchen, ist eine Flüssigkeit, wie den Zitronensaft in der Zitrone. Wenn die Nägel und die Münzen nun in der Zitrone stecken, wandern die Elektronen zwischen den unterschiedlichen Metallen und wieder zurück durch den Kupferdraht. Und so kommt es zum Stromfluss im Draht. Dieser Strom ist bei nur einem Nagel und einer Münze viel zu schwach um ein Handy zu laden, man braucht daher ganz viele Münzen und Nägel. Dann aber reicht die elektrische Spannung im Kupferdraht aus, um ein Handy ganz langsam zu laden. Ideal, wenn man in einer Notsituation ist und keine Steckdose zur Verfügung steht.

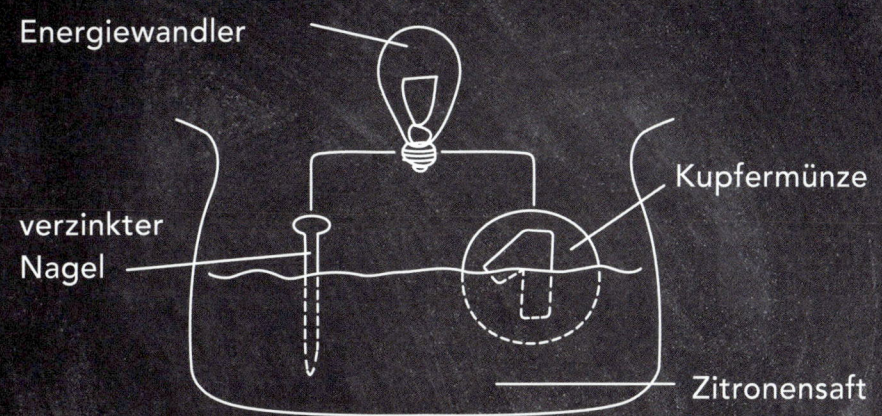

Übrigens, im Jahr 1780 entdeckte der italienische Arzt Luigi Galvani, dass ein Froschschenkel, der in Kontakt mit einem Stück Kupfer und Eisen kam, immer wieder zuckte. Galvani hatte herausgefunden, dass zwischen unterschiedlichen Metallen elektrischer Strom fließen kann, wenn beide über eine Säure in Kontakt stehen. Er erfand eine Flasche in der Kupfer- und Eisenstäbe in Säure eingetaucht waren. Diese erste Batterie nannten die Forscher damals galvanisches Element. Es dauerte dann 20 Jahre, bis schließlich Alessandro Volta die voltasche Säule der Öffentlichkeit vorstellte, die erste Batterie, bestehend aus mehreren galvanischen Elementen. Es gab dann viele Erfindungen, aber erst im Jahr 1887 stellte Carl Gassner die Trockenbatterie vor, wie wir sie heute kennen. Und vier Jahre später, 1901, hatte Paul Schmidt in Berlin die Idee, eine solche Trockenbatterie in eine Taschenlampe zu packen. Natürlich wurden die Batterien immer weiterentwickelt, aber eigentlich sind es immer zwei Metalle, die über eine chemische Verbindung elektrische Ladungen austauschen wollen und so elektrischen Strom erzeugen.

DIE RÜTTEL-SCHÜTTEL-TASCHENLAMPE

Nachdem ich Herrn Funk das Foto von meinem Zelt geschickt habe, wird es gemütlich! Aber was ist, wenn es abends dunkel wird? Ich will ja auch heute Nacht noch was sehen können! Mist, ich habe keine Taschenlampe dabei. Was tun? Am besten erfinde ich einfach die **ANDRÉ-SCHÜTTELTASCHENLAMPE**. Bei der gehen auch die Batterien nicht so schnell alle!

Hallo, Herr Funk! Hier ein Foto von meinem Zelt. Toll, oder?!

→ DAS BRAUCHST DU:

WERKZEUGE

ZANGE

HANDSÄGE

MATERIAL

ISOLIERDRAHT

LED

KLEBEBAND

FLUMMI

2 MAGNETE

PLASTIKROHR (CA. 20 CM)

→ **SO WIRD'S GEMACHT:**

SPOT AN!

1 Dafür brauche ich ein Plastikrohr, ca. 20 cm lang. Wenn ihr nur eins habt, das zu lang ist, sägt ihr einfach ein Stück ab.

VORSICHTIG SÄGEN!

2 Um das Rohr wickele ich den isolierten Draht.

TiPP: Mit Klebestreifen ab und zu den Draht fixieren. Geht schneller und schont die Nerven.

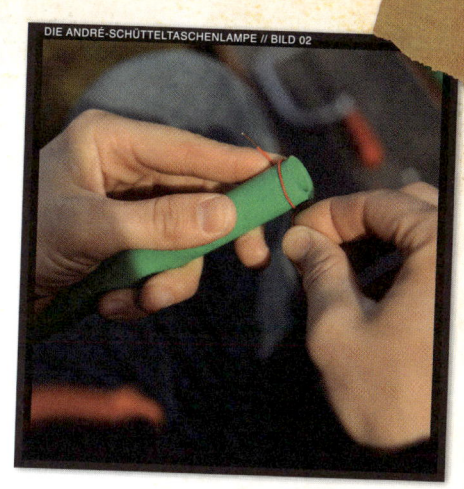

3 Die Enden des Drahts müsst ihr abisolieren, also mit einer Zange die Ummantelung entfernen, sodass der blanke Draht zum Vorschein kommt.

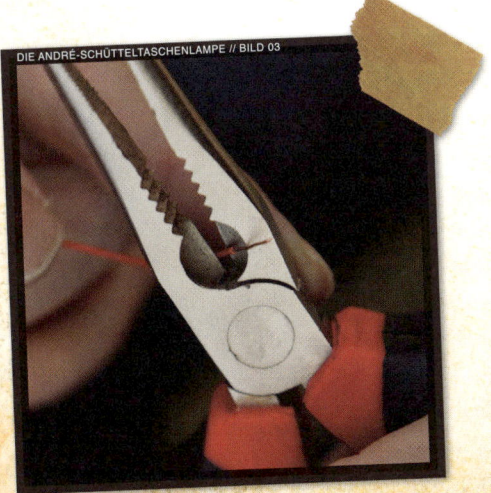

→ SO WIRD'S GEMACHT:

4 Jetzt halbiere ich den Flummi. Ich halte ihn mit der einen Hand fest, mit der anderen säge ich ihn vorsichtig durch. Lass dir ruhig dabei helfen! Den Flummi brauche ich im übernächsten Schritt wieder.

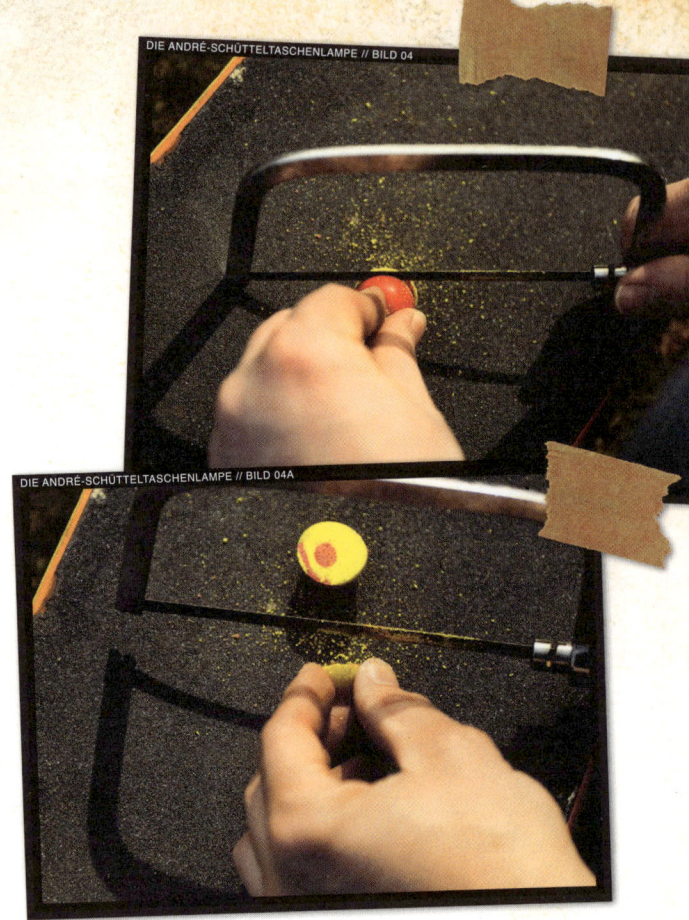

5 Danach stecke ich die Magnete ins Rohr.

NOTIZ AN MICH SELBER: Vorher schauen, ob sie auch in die Röhre passen!

6

Damit die Magnete beim Schütteln nicht rausfliegen, muss ich das Rohr auf beiden Seiten verschließen. Dafür nehme ich die Flummihälften und klebe sie jeweils auf das Ende des Schlauches.

7

Als Nächstes brauche ich eine LED-Lampe. Warum? Jede andere Lampe bräuchte so viel Leistung, dass einem beim Schütteln der Arm abfallen würde. Die LED hat zwei unterschiedlich lange Drähte.

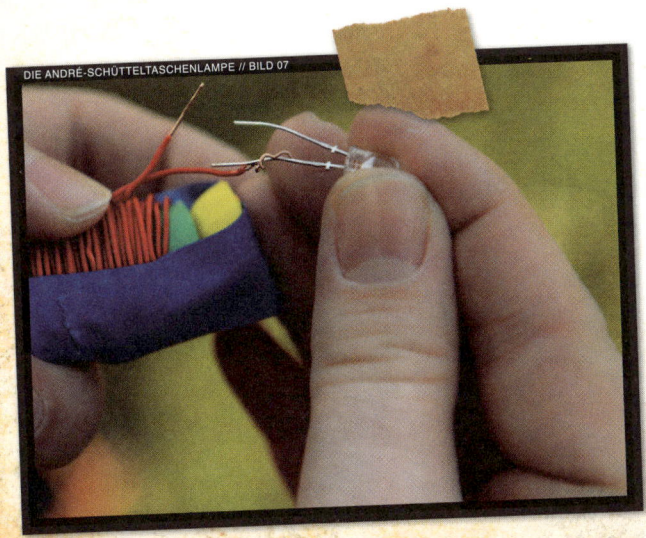

→ SO WIRD'S GEMACHT:

8 Den Plus-Pol der LED verbinde ich mit dem einem Ende des Drahtes, den ich um die Röhre gewickelt habe. Den Minus-Pol verbinde ich mit dem anderen Drahtende.

9 Jetzt schüttele ich meine Lampe hin und her. Wenn was nicht stimmt, bleibt es dunkel.

10

Das Gute bei dieser Schütteltaschenlampe ist, dass man müde wird. Nur leider mein Arm schneller als ich!

VOILÀ!

DIE ANDRÉ-SCHÜTTELTASCHENLAMPE // BILD 10

DIE ANDRÉ-SCHÜTTELTASCHENLAMPE // BILD 10A

WAS HERR FUNK DAZU NOCH WEISS:

Vielleicht hast du es schon gemerkt, die LED der Schütteltaschenlampe blinkt. Das liegt daran, dass der Magnet in der Drahtspule Wechselstrom erzeugt. Wechselstrom bedeutet, dass die elektrischen Pole an den Drahtenden ständig wechseln. Die LED kann aber nur leuchten, wenn an ihrem Pluspol auch der Pluspol vom Draht anliegt. Weil der aber ständig wechselt, leuchtet die LED nur dann, wenn es gerade passt. So erklärt sich das Blinken der LED.

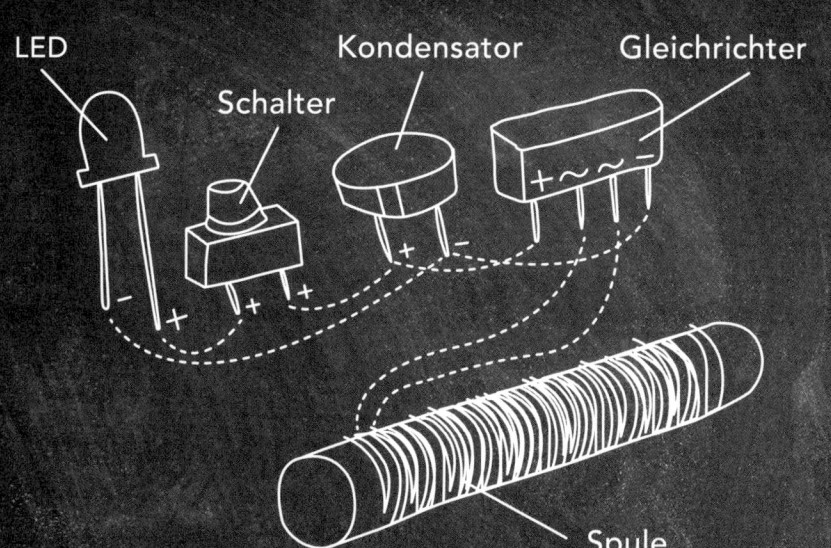

Damit unsere Taschenlampe nicht mehr blinkt, brauchen wir noch ein paar Elektronikbauteile: einen Gleichrichter, einen Schalter und einen Kondensator. Der Gleichrichter macht aus dem Wechselstrom Gleichstrom. Der Kondensator ist wie eine Batterie und speichert den Strom. Den Kondensator und den Gleichrichter steckt ihr auf ein Stück Pappe und verbindet ihre Kontakte wie auf dem Bild zu sehen. Ah, und nicht vergessen, den Schalter mit den richtigen Drähten zu verbinden. Nur so könnt ihr die Lampe bequem ein- und ausschalten. Jetzt ausschalten und die Schütteltaschenlampe ordentlich schütteln. Wenn ihr jetzt wieder einschaltet, leuchtet die LED für eine kurze Zeit. Geht sie aus, heißt es wieder: Schalter aus und schütteln.

DER VERRÜCKTE PUTZROBOTER

Kennt ihr das? Heute früh habe ich beim Wecker nur dreimal auf die Schlummertaste gedrückt und schon wurde alles ganz hektisch. Also, habe ich mir die Zahnbürste geschnappt, bin rauf aufs Skateboard und ab in die Küche! Und dann kurz nicht aufgepasst und schon bin ich auf dem Spielzeugauto ausgerutscht.

QUIETSCH!

→ DAS BRAUCHST DU:

WERKZEUGE

SCHRAUBEN-
ZIEHER

→ SO WIRD'S GEMACHT:

1 Zuerst nehme ich einen Handfeger. Leider kann der noch nicht von alleine putzen. Dafür brauche ich einen Motor. Wie den in meinem Spielzeugauto! Das Gehäuse ist ja leider kaputt, aber der Motor funktioniert noch. Also baue ich den Elektromotor aus dem Spielzeugauto aus.

TiPP: Ein Elektromotor ist meistens ein kleiner schwarzer Kasten, eckig oder rund, mit einem kleinen Rad und zwei Kabeln für den Stromanschluss.

DER ANDRÉ-PUTZROBOTER // BILD 02

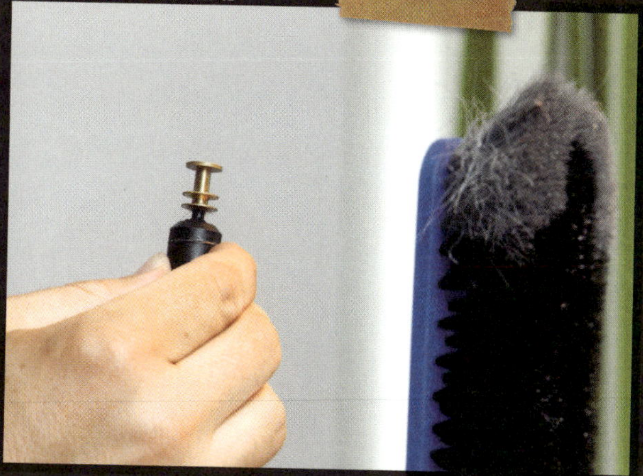

DER ANDRÉ-PUTZROBOTER // BILD 02A

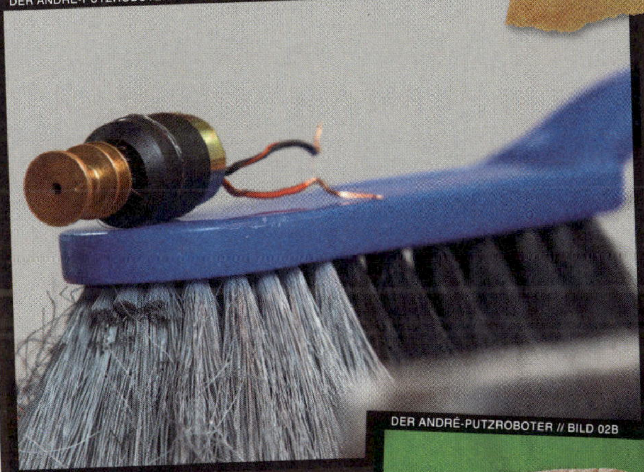

2

Den Motor klebe ich mit Klebeband vorne an den Handbesen.

DER ANDRÉ-PUTZROBOTER // BILD 02B

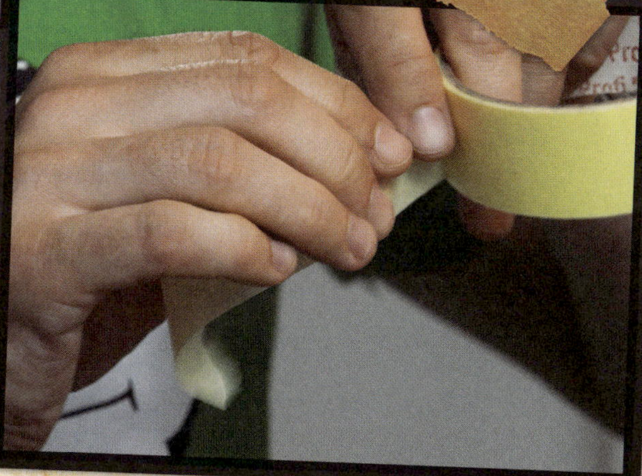

→ **SO WIRD'S GEMACHT:**

3 Der Motor braucht ja Strom. Den bekommt er über eine Batterie. Die Pole der Batterie verbinde ich jeweils mit einem Pol des Motors. Dazu verwende ich die zwei Kabel mit Krokodilklemmen. Und schon dreht der Motor los! Nicht vergessen, die Batterie mit Klebeband festzukleben.

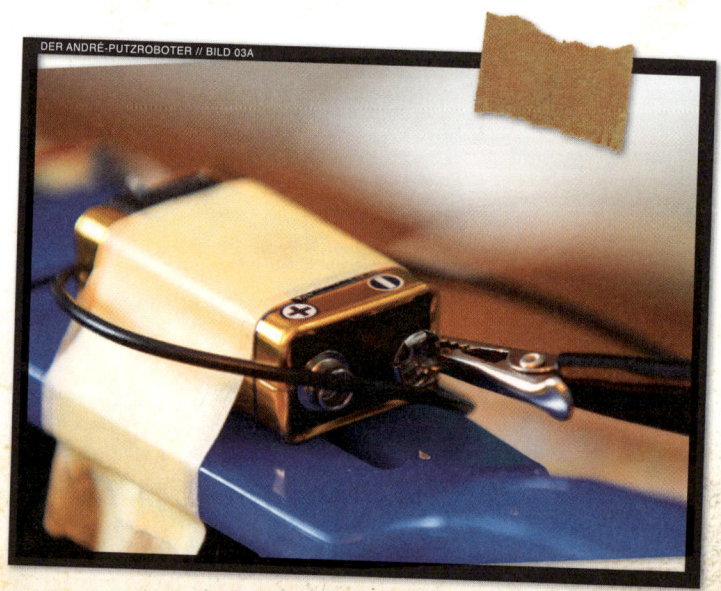

4

Aber Moment, der Motor läuft zwar, aber der Putzroboter bewegt sich ja noch nicht! Ich brauche etwas, das ich vorne, an die sich drehende Spitze des Motors, anbauen kann. Durch das zusätzliche Gewicht läuft der Motor nicht mehr rund, sondern wackelt wie ein Besen beim Kehren! Wenn man etwas sucht, das man nicht selbst hat, fragt man am besten seinen Nachbarn! So einen wie **HERRN FUNK.**

DER ANDRÉ-PUTZROBOTER // BILD 04

KÖNNEN SIE MIR HELFEN, HERR FUNK?

»Herr Funk, ich brauche etwas, damit mein Putzroboter wackelt! Oder besser gesagt, etwas, das den Motor des Putzroboters zum Wackeln bringt! Können Sie mir helfen?«

»Klar, André, wie wäre es mit dieser Klammer? Die klemmt nicht nur super fest, sondern lässt auch den Putzroboter wackeln!«

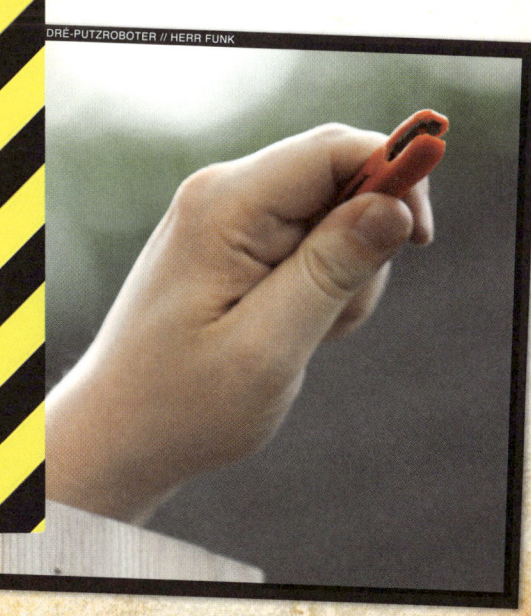

DRÉ-PUTZROBOTER // HERR FUNK

→ SO WIRD'S GEMACHT:

5 Dieser Herr Funk hat immer das richtige Bauteil. Schon verrückt! Die Klammer passt aber super an meinen Motor. Fertig!

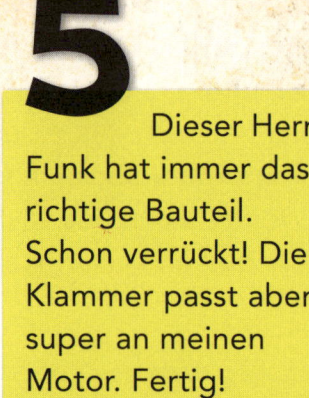

6

Wenn ich Putzi jetzt auf den Boden stelle, die Kabel an die Batterie klemme, fegt er gleich los! Das dauert allerdings wohl ein paar Stunden, bis der fertig ist ... Aber ich bin ja jetzt eh weg und Putzi kann arbeiten! Und auch, wenn es nicht sauber wird: Auf jeden Fall macht es Spaß, Putzi zuzuschauen!

COOL!

WAS HERR FUNK DAZU NOCH WEISS:

WAS HERR FUNK DAZU NOCH WEISS:

Damit Putzi so richtig loszappeln kann, muss der Motor zusammen mit der Batterie einen elektrischen Stromkreis bilden. Eine Batterie hat immer einen positiven und einen negativen Pol. Zwischen diese beiden elektrischen Pole klemmen wir die Batterie. Ganz wichtig dabei ist, dass der Pluspol der Batterie nicht direkt mit dem Minuspol der Batterie verbunden werden darf. Ansonsten nennt man das Kurzschluss und die Batterie überhitzt. Je nachdem, wie herum die Kabel, die an der Batterie angeschlossen sind, am Motor angeschlossen werden, dreht sich der Motor gegen den oder im Uhrzeigersinn. Für Putzi bedeutet das, dass der kleine Roboter eher nach links oder rechts wandert. Fass vorsichtig mit der Hand an den Motor und auf die Batterie. Werden sie zu warm, musst du den Motor von der Batterie trennen. Warte etwas, dann kühlt der Motor von allein wieder ab und kann erneut an die Batterie angeschlossen werden.

Übrigens, das Wort »Roboter« kommt vom tschechischen Wort »robota« und bedeutet so viel wie »arbeiten«. Immer, wenn eine Maschine Aufgaben ohne das Zutun von Menschen erledigen kann, nennen Erfinder sie einen Roboter. Roboter können einfache Bewegungen ausführen, wie Andrés Putzi, oder sehr komplexe Arbeitsschritte durchführen, wie das Zusammenbauen eines Autos! Und wusstest du, dass der Mars der einzige bekannte Planet ist, auf dem es nur Roboter gibt? Diese Roboter sind Mars-Sonden, die von uns Menschen dorthin geschickt wurden, um den Mars zu untersuchen und zu erforschen!

DIE T-SHIRT-FALTMASCHINE

Endlich Urlaub! Heute fliege ich ans Meer und habe meinen Koffer noch nicht gepackt ... Ich muss mich echt beeilen. Oje, ich will ganz schön viel mitnehmen: T-Shirts, Badehosen, Handtücher. Ich lass schon extra meine Luftmatratze und mein Schlauchboot zu Hause, für die bleibt echt kein Platz. Hoffentlich passt das alles rein.

→ **DAS BRAUCHST DU:**

WERKZEUGE

ZOLLSTOCK   CUTTER   BLEISTIFT

→ SO WIRD'S GEMACHT:

AUF DIE SHIRTS, FERTIG, LOS!

1 Zuerst zeichne ich mir auf eine Pappe (zum Beispiel auf einen alten Umzugskarton) eine rechteckige Form. Du kannst übrigens das Erfinderbuch als Schablone verwenden. Es hat die perfekte Größe!

2 Jetzt schneide ich vorsichtig mit einem Cutter die Form aus der Kartonpappe aus.

VORSICHT! SCHARF!

3 Das mache ich nun ganze sechsmal. Die Papprechtecke müssen alle die gleiche Größe haben!

4 Jetzt lege ich die sechs Pappstücke nebeneinander.

5 Ich verklebe die oberen drei Pappen miteinander und diese wiederum mit den unteren dreien. Die unteren verklebe ich nicht miteinander. Fertig ist die Faltmaschine!

→ SO WIRD'S GEMACHT:

6

Und jetzt kann das Falten losgehen! Das T-Shirt auf die Maschine legen, dann einmal beide Pappen von rechts in die Mitte falten. Dann die Pappe wieder nach außen klappen. Dann von links das Gleiche wiederholen. Dann die mittlere untere Pappe nach oben falten. Und wieder öffnen.

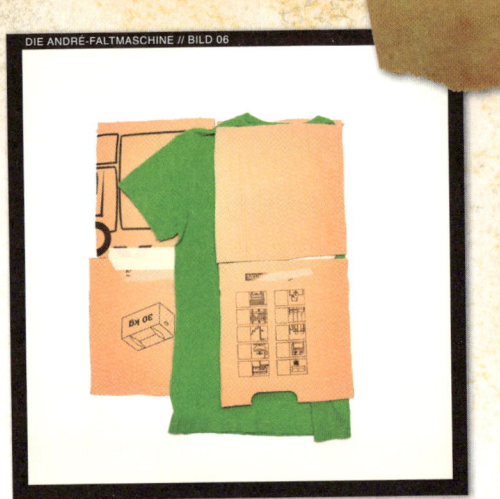

GENIAL!

7 Schon ist das T-Shirt fertig gefaltet. Das geht jetzt fast von alleine! Perfekt und rasend schnell. Das ist auch gut so, denn ich muss mich ganz schön beeilen!

8 Schnell alles in den Koffer packen. Passt! Gibt sogar noch Platz für die Faltmaschine, die kommt direkt mit in den Urlaub! Jetzt muss ich aber los zum Flughafen!

FERTiG!

WAS HERR FUNK DAZU NOCH WEISS:

Der Grund, warum man oft nicht alles in den Koffer bekommt, ist meistens Luft! Wenn ein T-Shirt einfach nur geknäult in den Koffer gesteckt wird, dann gibt es zwischen dem dünnen Stoff des T-Shirts große Luftblasen. Und die sorgen dafür, dass im Koffer zu wenig Platz für alle Kleidungsstücke bleibt. Wenn du aber den Stoff der Kleidung eng aneinanderfaltest, kommt es zu keinen Luftblasen und der Platz im Koffer reicht sogar noch aus, um etwas mehr mitzunehmen!

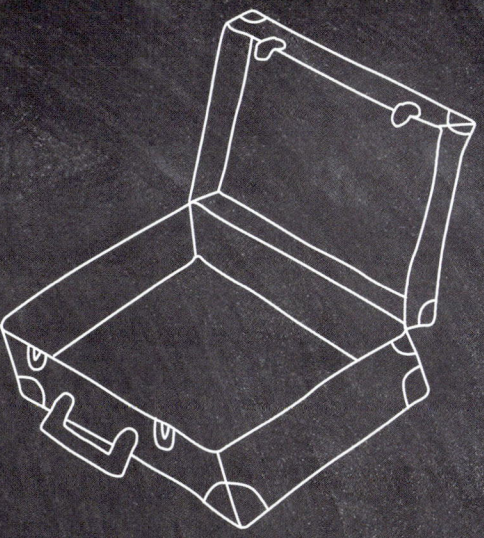

Das Wort »Koffer« stammt vom französischen Wort »coffre« ab und geht zurück auf das lateinische Wort »cophinus«, das bedeutet »Weidenkorb«. Einige Sprachwissenschaftler sehen sogar Verbindungen zum altarabischen Wort »guffa«, dem »Flechtkorb«. Menschen verwenden somit schon seit vielen Tausend Jahren Koffer, um ihre Kleidung und auch Gegenstände zu transportieren. Im Mittelalter wurden Koffer aus Holz modern, die Reisekisten. Der Deckel der Kisten oder Truhen war spitz oder rund gehalten, damit Regen leichter abfließen konnte. Ein Koffer ist somit weitaus mehr als nur ein treuer Reisebegleiter, er verrät viel über die Geschichte der Menschheit: Wir verreisen einfach gern und nehmen dabei viel mit.

Wusstest du, dass auch Weltraumreisende Koffer benutzen? Um Platz in diesen Astronautenkisten zu sparen (damit es auch wirklich keine Luftblasen im Inneren der Kleidung gibt), wird die Luft einfach abgesaugt. In Plastikbeuteln vakuumverpackt geht die Kleidung an Bord der Raumschiffe und der Raumstation. Übrigens, die Faltmaschine funktioniert sogar in der Schwerelosigkeit!

DAS DURCHGEDREHTE FLUGZEUG

Puh, das war knapp, ich habe es gerade noch rechtzeitig zum Flughafen geschafft. Aber wo muss ich überhaupt hin? Ah! Zum Glück gibt es die großen Anzeigetafeln, auf denen steht, wann und wo die Flugzeuge losfliegen. Wenn die nicht schon jemand anderes erfunden hätte …

Einen Moment, da scheint irgendwas mit der Anzeige nicht zu stimmen. So ein Pech! Dass ausgerechnet mir so was passieren muss: Mein Flugzeug hat eine Stunde Verspätung.

→ DAS BRAUCHST DU:

WERKZEUGE

ZANGE

SCHERE

MATERIAL

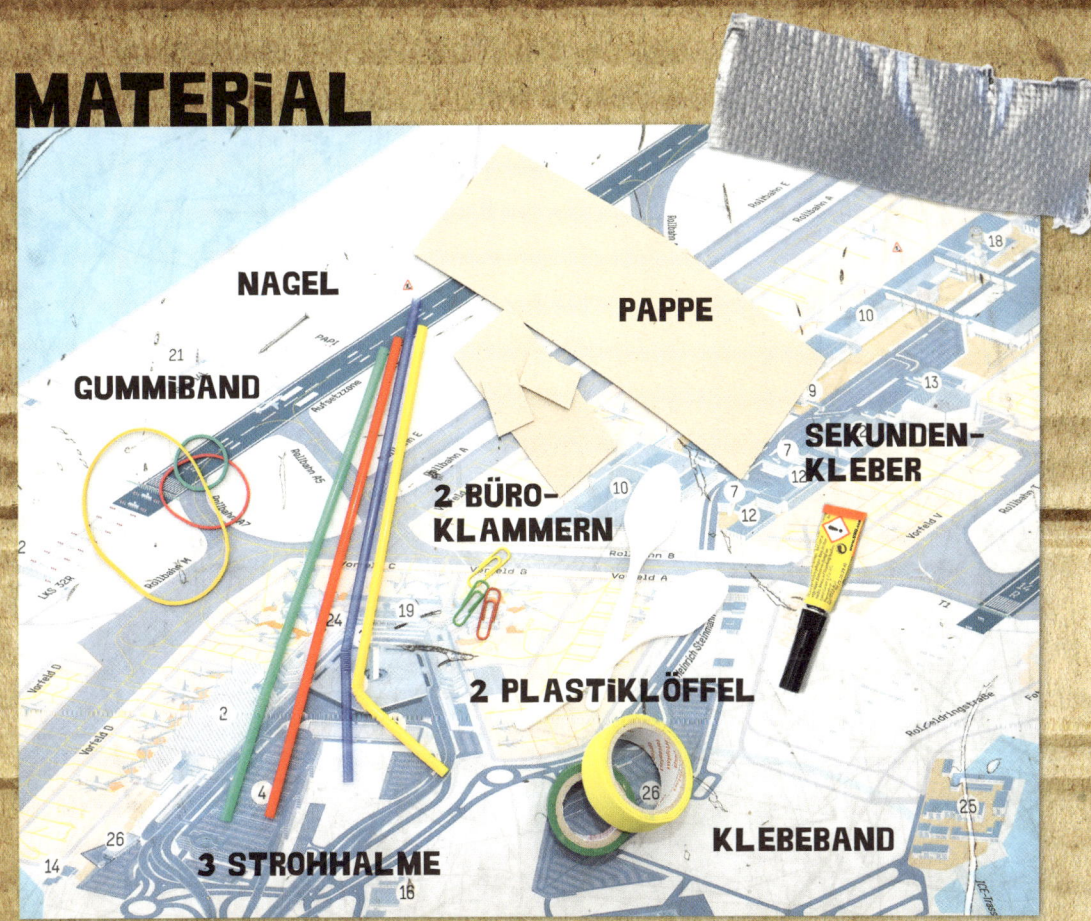

- NAGEL
- PAPPE
- GUMMIBAND
- SEKUNDEN-KLEBER
- 2 BÜRO-KLAMMERN
- 2 PLASTIKLÖFFEL
- KLEBEBAND
- 3 STROHHALME

→ **SO WIRD'S GEMACHT:**

READY FOR TAKE OFF?

1 Mein Flugzeug braucht erst mal einen Rumpf. Dazu nehme ich drei Strohhalme und schneide von allen den kurzen, abknickenden Teil ab.

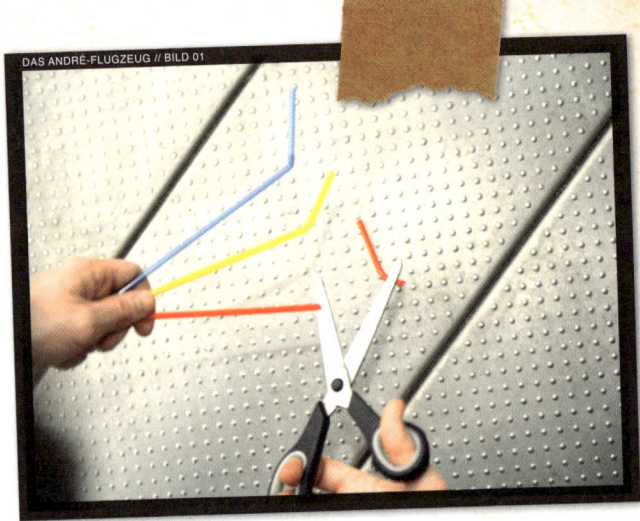

2 Einen der Strohhalme zerschneide ich in zwei kurze Halme. Jetzt habe ich zwei lange und zwei kurze Strohhalme.

3 Nun werden die langen Strohhalme an ihren Enden mit einem kurzen Halm dazwischen verklebt. Wie gut, dass ich immer etwas Sekundenkleber dabeihabe! Achtung, es darf kein Klebstoff in die Öffnungen der Strohhalme laufen, hier muss später die Luft durchziehen können.

GANZ WICHTIG: DEN KLEBSTOFF NUR ZWISCHEN DIE STROHHALME!

4 Den Rumpf des Flugzeugs habe ich fast fertig. Zur Sicherheit wickle ich noch etwas Klebeband um die Enden der Strohhalme. Das hält bei der Landung einfach besser!

Wofür sind die kurzen Strohhalmstückchen zwischen den beiden langen? Ach ja! Für die Motoraufhängung!

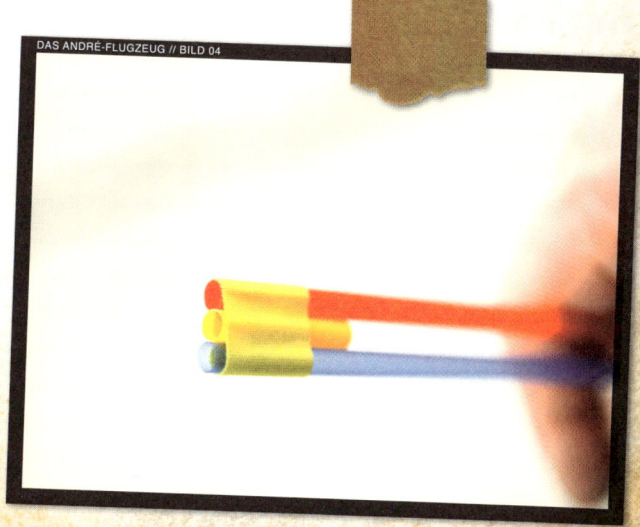

→ **SO WIRD'S GEMACHT:**

5 Der Motor meines Flugzeugs ist ein Gummiband. An beiden Enden des Gummibands wird jeweils eine Büroklammer befestigt. Die verbiege ich so, dass sie das Gummiband festhält.

6 Und jetzt stecke ich die Büroklammer mit dem Gummiband von innen durch einen der kurzen Strohhalme. Mit meiner Zange kann ich die Büroklammer greifen und durchziehen!

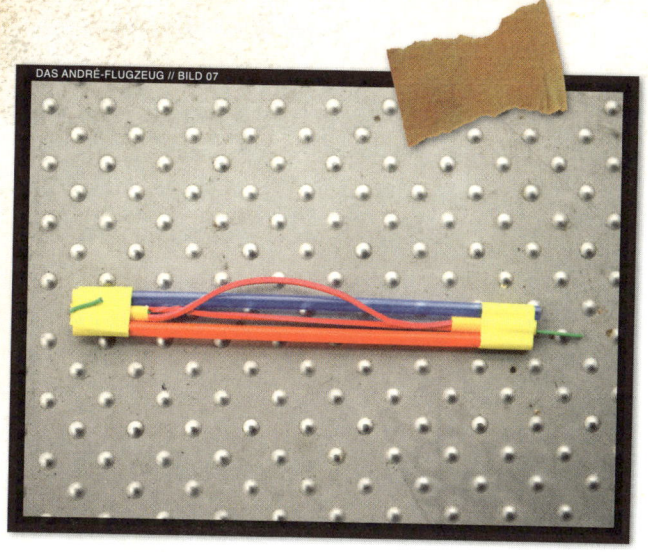

7 Das Ganze wiederhole ich auf der anderen Seite. Die Büroklammer bleibt auf dieser Seite jedoch offen. Jetzt ist das Gummiband mit dem Flugzeugrumpf verbunden!

8 Wenn ich jetzt das Gummiband zusammenzwirbele und dann loslasse, dreht sich die Spitze der nicht festen Büroklammer. Da kommt mein Propeller dran. Nur, was nehme ich als Propeller?

→ **SO WIRD'S GEMACHT:**

BLITZ! BLITZ!

KÖNNEN SIE MIR HELFEN, HERR FUNK?

Sekunde, da vorne, in dem Fotoautomaten, die Jacke kenn ich doch, das ist doch mein Nachbar Herr Funk! Der macht da wohl Passfotos! Ich frag ihn mal, ob er mir helfen kann.

»Äh, Herr Funk, sind Sie es? Können Sie mir helfen? Ich brauche etwas, das ich als Propeller nutzen kann.«

»Ach, André, du bist es! Wie wäre es mit meinen Kaffeelöffeln? Die eignen sich bestens als Propeller.«

»Danke sehr, Herr Funk, dafür schicke ich Ihnen auch eine Postkarte aus dem Urlaub!«

Schon verrückt, der Herr Funk, aber immerhin konnte er mir helfen.

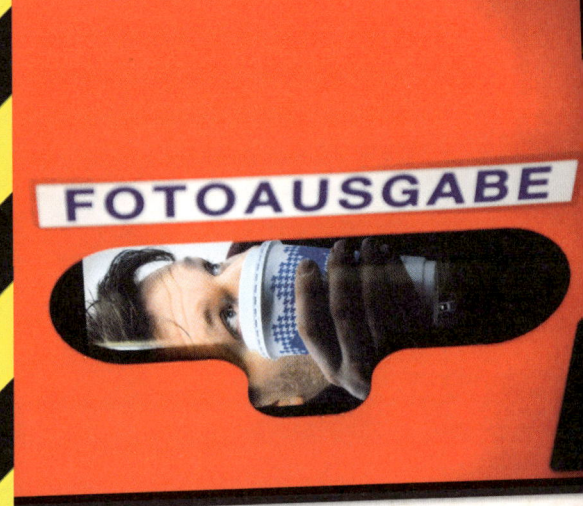

9

Von den Plastiklöffeln brauche ich nur die Löffelform, den Stiel schneide ich ab und verklebe die beiden Löffel miteinander. Ein wenig verdreht, dann wird die Luft besser vom Propeller eingefangen.

10

Ich kann den Propeller aber nicht direkt mit der Büroklammerspitze verbinden. Der Propeller würde wackeln und an den Kanten der Strohhalme hängen bleiben. Deshalb schneide ich mir aus Pappe zwei kleine Quadrate aus. Mit einem Nagel spieße ich die beiden Stückchen auf. Danach ziehe ich den Nagel wieder raus und schiebe die aufgefaltete Büroklammer durch die Löcher.

→ SO WIRD'S GEMACHT:

11 Dann klebe ich den Propeller an der Büroklammer und dem ersten Pappstückchen fest.

12 Aus Pappe schneide ich die Tragflächen aus. Ich brauche einen großen und einen kleinen Flügel. Die Form findest du hier im Erfinderbuch ganz hinten. Dann klebe ich die Tragflächen mit Klebstoff und Klebeband am Flugzeugrumpf fest. Vorsicht! Nicht das Gummiband mit festkleben, das muss sich bewegen können.

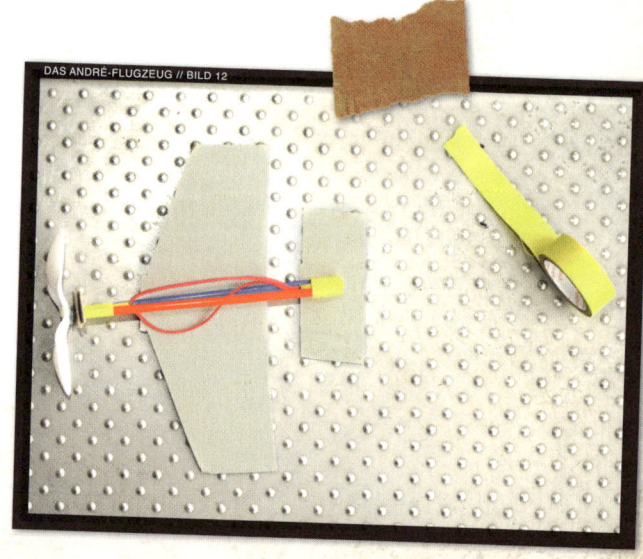

13

Und wenn ich nun den Propeller drehe, dreht sich auch das Gummiband und baut Spannung auf. Lasse ich den Propeller los, dreht er sich! Schon fliegt das Flugzeug! Guten Flug, kleines Flugzeug! Apropos! Ich muss los! Mein Flieger geht gleich!

FLiEGT!

WAS HERR FUNK DAZU NOCH WEISS:

Ein Flugzeug fliegt, weil unter den Tragflächen ein größerer Luftdruck herrscht als über den Tragflächen. Dadurch fällt es nicht nach unten, sondern wird nach oben gedrückt. Deswegen ist die Form entscheidend. Du kannst die Tragflächen leicht schräg schneiden, dann wird dein Flugzeug schneller nach oben steigen. Andersherum fliegt es schneller nach unten.

Wirklich gute Piloten schaffen sogar einen Looping mit ihrem Flugzeug. Dazu kannst du kleine Flossen in die Pappe schneiden und diese anwinkeln. Jetzt kann dein Flugzeug Loopings und vielleicht sogar Schrauben fliegen!

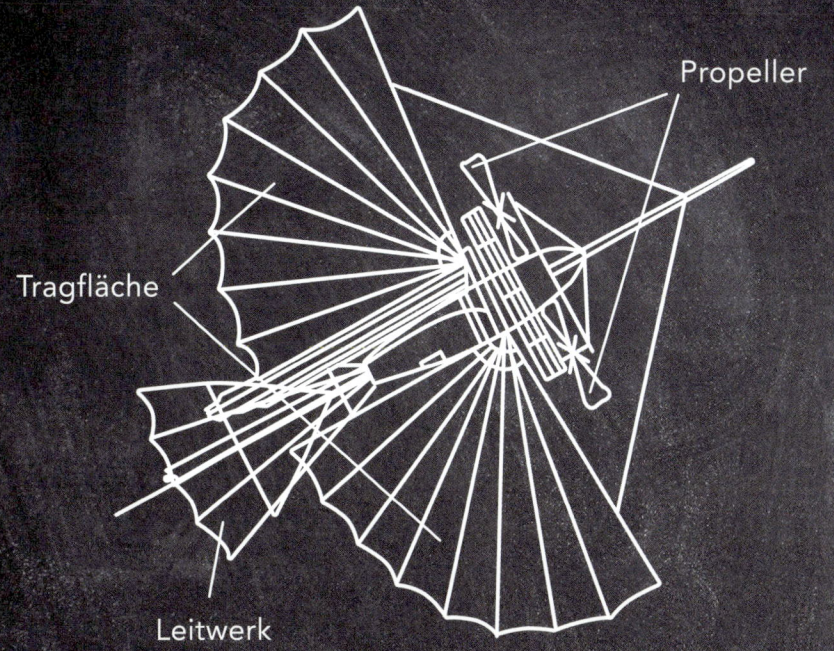

Propeller
Tragfläche
Leitwerk

Das erste Motorflugzeug wurde übrigens von dem deutschen Erfinder Gustav Weißkopf in Bridgeport, Connecticut (USA) im Jahre 1901 gebaut. Es war sein 21. Versuch, deshalb hieß das Flugzeug auch »Nummer 21«. Das Flugzeug flog fast 12 Meter hoch und etwa 500 Meter weit. An Bord war niemand.

Am 14. August 1901 traute sich dann Gustav Weißkopf für einen kurzen Flug selbst in das Flugzeug. Viel berühmter wurden die Gebrüder Wright. Die beiden flogen 1903 mit einem selbst gebauten Motorflugzeug 260 Meter weit und benötigten dafür eine knappe Minute. Dieser Flug gilt bis heute als der erste Flug der Menschheit. Gustav Weißkopf hat man darüber fast vergessen. Deshalb ist es wichtig, dass man auch über seine Erfindungen spricht!

DER URLAUBS-LAUTSPRECHER

Ist so ein Hotel-Pool nicht herrlich? Die Sonne scheint, das Wasser plätschert, ich liege auf der Liege und bin sogar fast ganz allein! Kaum jemand hier!
Was noch fehlt, ist Musik. Kopfhörer habe ich blöderweise vergessen und die Handylautsprecher sind so leise. Ich müsste Lautsprecher für mein Handy erfinden ...
ANDRÉ-LAUTSPRECHER – das ist es!

→ **DAS BRAUCHST DU:**

WERKZEUGE

TASCHENMESSER

FILZSTIFT

MATERIAL

2 PAPPBECHER

TOILETTEN-
ROLLE

HANDY

→ **SO WIRD'S GEMACHT:**

1

Für meinen Lautsprecher benötige ich zwei Pappbecher. Schließlich will ich Stereosound! Und dann noch eine Papprolle. Wie gut, dass ich heute Morgen erst das Toilettenpapier aufgebraucht habe! Auf die Papprolle zeichne ich mir ein Rechteck, das genauso breit und tief ist wie mein Handy. Dazu verwende ich mein Handy als Schablone.

DER ANDRÉ-LAUTSPRECHER // BILD 01

DER ANDRÉ-LAUTSPRECHER // BILD 02

2

Jetzt kommt mein Taschenmesser zum Einsatz! Damit schneide ich das Rechteck aus der Rolle. Fertig ist meine Handyhalterung!

3 Nun muss ich nur noch die Papprolle mit den Pappbechern verbinden. Dazu zeichne ich ein Kreuz auf die Pappbecher. Die Linien des Kreuzes sind genauso lang, wie die Papprolle breit ist.

4 An den Kreuzlinien entlang schneide ich vorsichtig mit meinem Taschenmesser. Dann drücke ich jeweils ein Loch in die Becher. Dort stecke ich meine Papprolle hinein.

5 **ZACK, FERTIG!** Handy reinstecken und Musik an, so kann sich das hören lassen!

WAS HERR FUNK DAZU NOCH WEISS:

Was wir als Musik hören, sind viele Schallwellen. Wie ein ins Wasser fallender Stein Wasserwellen entstehen lässt, erzeugt eine Lautsprechermembran Wellen in der Luft. Die können wir nicht sehen, aber eben hören. Beim Wasser breiten sich die Wellen in alle Richtungen aus, Schallwellen gehen ebenfalls auseinander. Andrés Pappbecher bündelt nun auch solche Schallwellen, die eigentlich nicht zu uns schwingen würden. So kommen mehr Schallwellen bei uns an als ohne den Pappbecher und damit klingt es für uns plötzlich lauter!

Der erste Lautsprecher wurde übrigens 1860 vom Italiener Antonio Meucci für den ersten Fernsprechapparat erfunden. Ein Jahr später zeigte der deutsche Erfinder Philipp Reis ein Telefon, das wenige Jahre später vom amerikanischen Erfinder Alexander Graham Bell weiterentwickelt wurde. 1877 stellte dann der aus Hannover stammende Emil Berliner sein Grammophon vor. Mit diesem Grammophon konnte man Musik aus einem großen Lautsprecher hören. Das war die erste Musikanlage! Allerdings unterscheidet sich der Lautsprecher bei einem Grammophon stark von dem Lautsprecher im Telefon. Der Grammophon-Lautsprecher richtet den Schall der Musik in eine bestimmte Richtung, dadurch erscheint die Musik lauter, ähnlich wie bei Andrés Erfindung. In einem Telefon werden elektrische Signale in Töne vom Lautsprecher umgewandelt. Vom kleinen Lautsprecher zum riesigen Schalltrichter eines Grammophons. Und seit nicht einmal 200 Jahren haben die Menschen Spaß an Musik aus Lautsprechern!

Du siehst, Erfinder erfinden oft bereits Erfundenes weiter.

DiE POSTKARTEN-MALMASCHiNE

Endlich nichts tun! Obwohl das ja eigentlich nicht so mein Ding ist ... Irgendwas muss ich immer machen. Ich könnte zum Beispiel Postkarten schreiben. Die gibt es zwar am Kiosk, aber so eine Postkarte ist ja nichts anderes als ein Stück Pappe. Das schneide ich mir einfach aus dem Papprücken meines Malblocks. Aber wie kriege ich ein Bild auf die Postkarte? Leider kann ich ja überhaupt nicht malen ... Ich hab die Idee! Ich erfinde eine **ANDRÉ-MALMASCHiNE!** Die kann dann die Postkarte bemalen!

→ **DAS BRAUCHST DU:**

WERKZEUGE

TASCHENMESSER

MATERIAL

- PAPPE
- ELEKTRISCHE ZAHNBÜRSTE
- KORKEN
- FILZ-STIFTE
- KLEBE-BAND

→ SO WIRD'S GEMACHT:

1 Zuerst brauche ich meine elektrische Zahnbürste. Und an die klebe ich mit Klebeband meine Malstifte. Natürlich zeigen die Spitzen der Stifte nach unten!

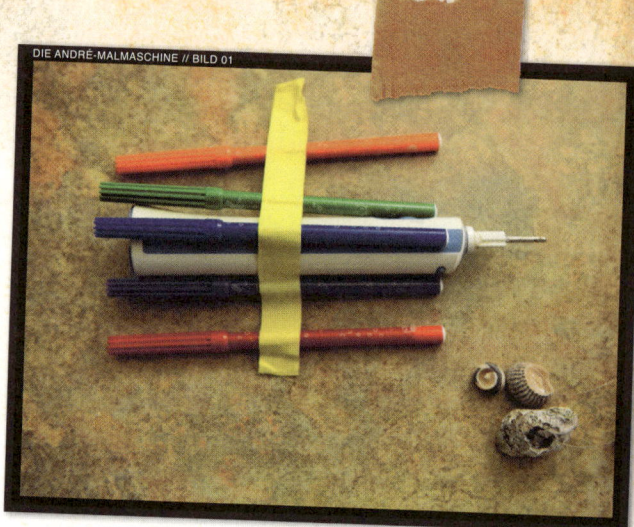

DIE ANDRÉ-MALMASCHINE // BILD 01

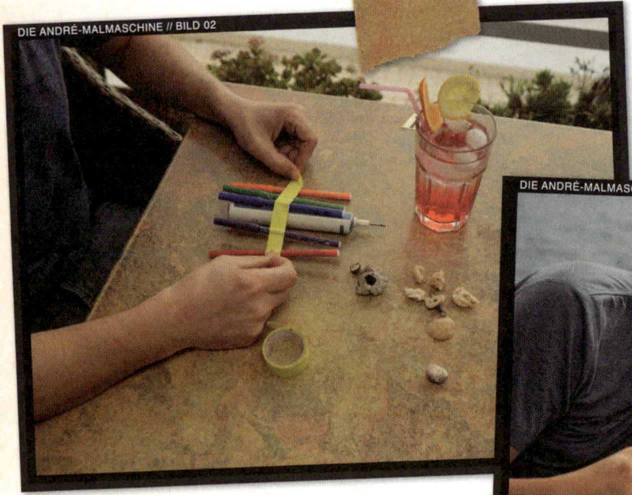
DIE ANDRÉ-MALMASCHINE // BILD 02

iDEE!

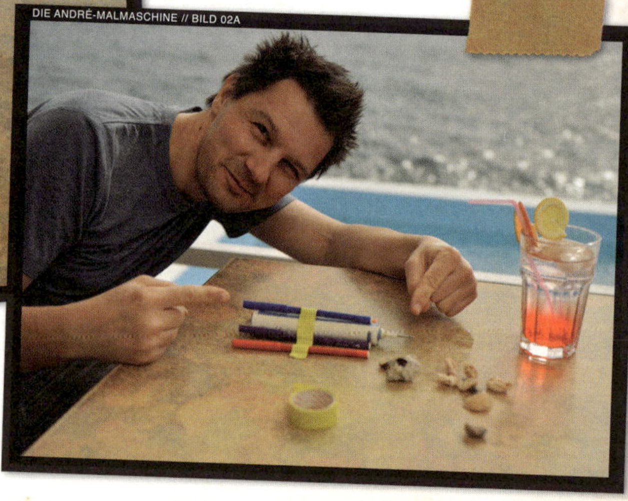
DIE ANDRÉ-MALMASCHINE // BILD 02A

2 Und wenn ich jetzt die Zahnbürste einschalte, dann ... passiert nichts. Ich hatte mir vorgestellt, dass die wackelnde Zahnbürste jetzt die Stifte zum Malen bringt. Aber außer dem Kopf bewegt sich nichts. Wie bringe ich die gesamte Zahnbürste zum Wackeln? Ich muss sie mit einer Unwucht versehen!

3

So eine Unwucht ist eigentlich nur ein kleines Gewicht. Wie dieser Korken hier! Den Korken stecke ich oben auf die Zahnbürste, wo sonst der Bürstenkopf aufgesteckt wird. Der Korken steht etwas ab, das ist auch gut so. Nur so fängt die Zahnbürste mit ihrem Wackeltanz an.

4

Jetzt schneide ich meine Papppostkarte zurecht. Die sollte übrigens am besten die Maße 10,5 × 14,8 Zentimeter, also DIN A6, haben. Sonst könnte es teuer werden, da die Briefmarke nicht mehr reicht. Vorne im Buch findest du ein Lineal zum Abmessen.

→ **SO WIRD'S GEMACHT:**

5 Die Zahnbürste auf die Postkarte stellen, festhalten und einschalten!

ZACK, FERTIG!

6 Fertig ist die André-Malmaschine! So kann ich viele tolle Postkarten malen! Und jede ist eindeutig ein echtes Meisterwerk!

LIEBER HERR FUNK,

WIE AUF DEM BILD ZU SEHEN, IST DAS WETTER KONFETTIMÄSSIG DURCHWACHSEN!

ES GIBT SPAGHETTI, GETRÄNKE AUS STROHHALMEN UND ICH TANZE VIEL, ABER DAS SIEHT MAN JA AUF DEM BILD.

SONNIGE GRÜSSE
ANDRÉ

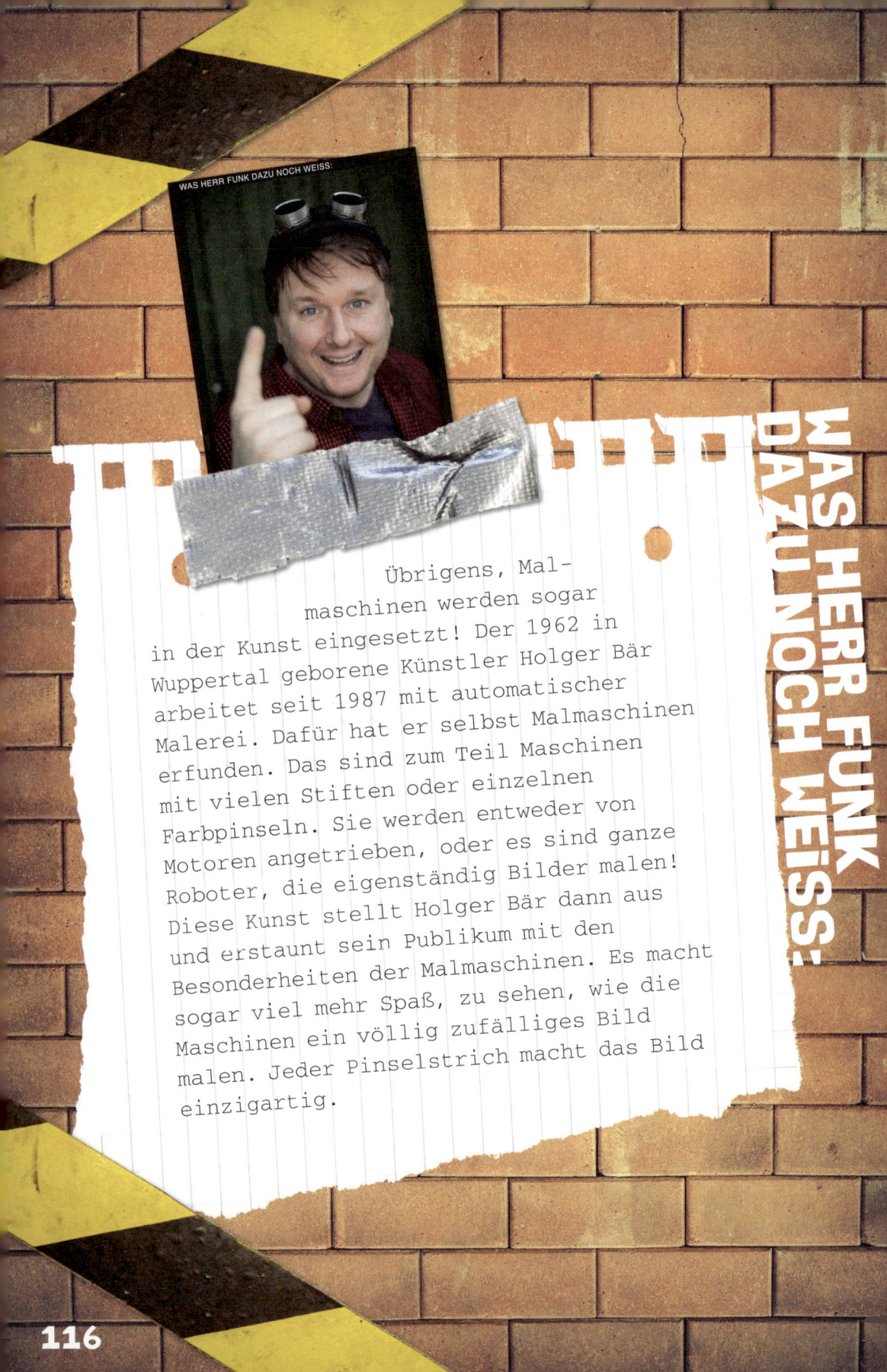

WAS HERR FUNK DAZU NOCH WEISS:

Übrigens, Malmaschinen werden sogar in der Kunst eingesetzt! Der 1962 in Wuppertal geborene Künstler Holger Bär arbeitet seit 1987 mit automatischer Malerei. Dafür hat er selbst Malmaschinen erfunden. Das sind zum Teil Maschinen mit vielen Stiften oder einzelnen Farbpinseln. Sie werden entweder von Motoren angetrieben, oder es sind ganze Roboter, die eigenständig Bilder malen! Diese Kunst stellt Holger Bär dann aus und erstaunt sein Publikum mit den Besonderheiten der Malmaschinen. Es macht sogar viel mehr Spaß, zu sehen, wie die Maschinen ein völlig zufälliges Bild malen. Jeder Pinselstrich macht das Bild einzigartig.

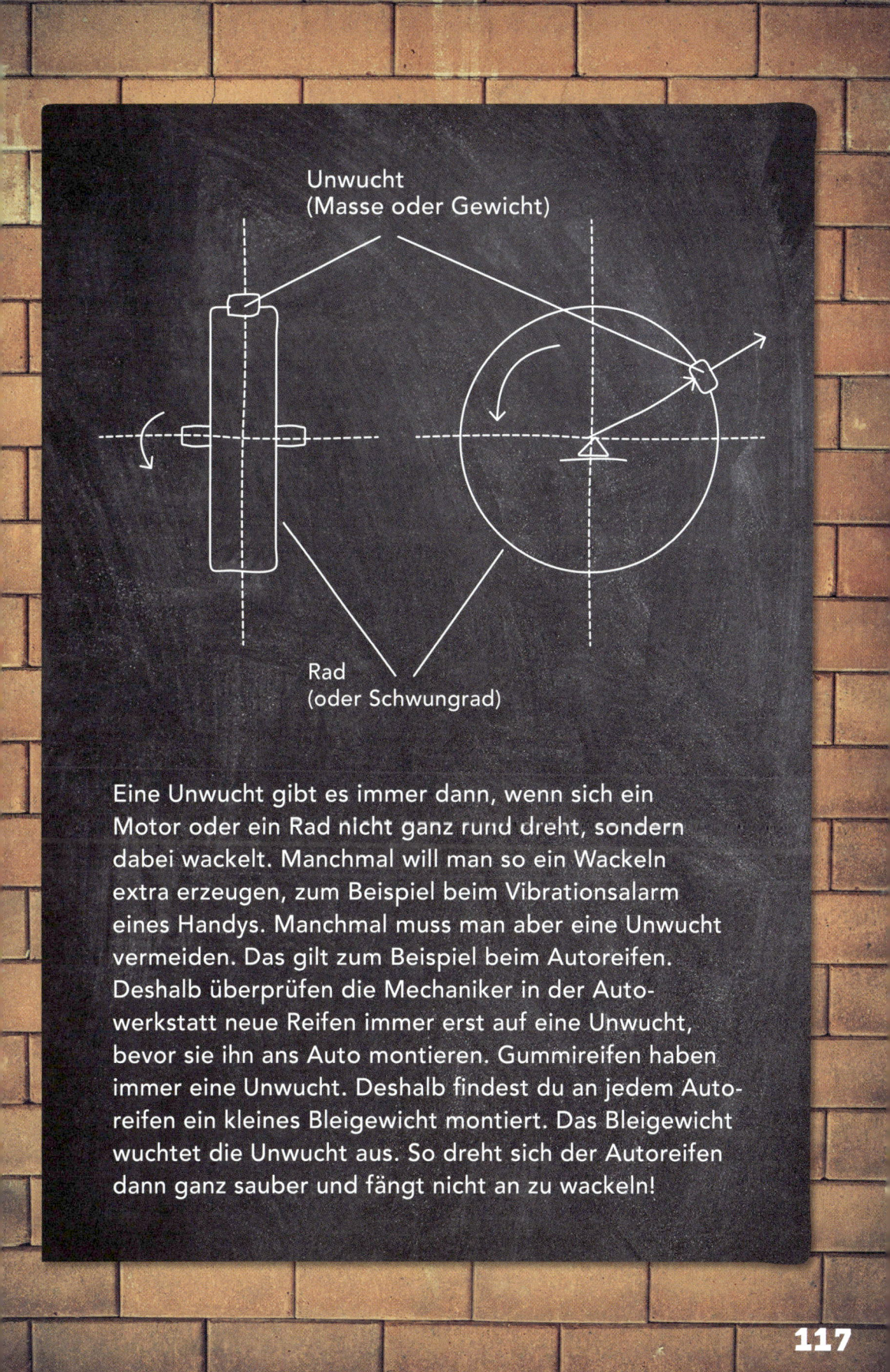

Unwucht
(Masse oder Gewicht)

Rad
(oder Schwungrad)

Eine Unwucht gibt es immer dann, wenn sich ein Motor oder ein Rad nicht ganz rund dreht, sondern dabei wackelt. Manchmal will man so ein Wackeln extra erzeugen, zum Beispiel beim Vibrationsalarm eines Handys. Manchmal muss man aber eine Unwucht vermeiden. Das gilt zum Beispiel beim Autoreifen. Deshalb überprüfen die Mechaniker in der Autowerkstatt neue Reifen immer erst auf eine Unwucht, bevor sie ihn ans Auto montieren. Gummireifen haben immer eine Unwucht. Deshalb findest du an jedem Autoreifen ein kleines Bleigewicht montiert. Das Bleigewicht wuchtet die Unwucht aus. So dreht sich der Autoreifen dann ganz sauber und fängt nicht an zu wackeln!

DAS NiCHT DAMPFENDE DAMPFSCHiFF

Ich liebe Urlaub! Aber auch der schönste Urlaub geht vorbei und dann schaue ich mir gerne Urlaubsbilder an. Zum Beispiel von dem Urlaub, in dem ich das wahnsinnige Rennboot gesehen habe. Das war echt toll!
Und wenn ich schon nicht in den Urlaub kann, hole ich eben den Urlaub zu mir! Ich baue mir einfach ein Boot, und zwar eins, das selber fahren kann! Das **ANDRÉ-DAMPFSCHiFF.** Anker lichten, Leinen los! Euer Kapitän André

→ DAS BRAUCHST DU:

WERKZEUGE

HEISS-KLEBE-PISTOLE

SCHERE

SCHRAUBENZIEHER

MATERIAL

- KLEBSTOFF
- LEERE METALLTUBE
- EINWEGSPRITZE
- TEELICHT
- 2 STROHHALME
- LEERE TETRAPACK-VERPACKUNG

→ **SO WIRD'S GEMACHT:**

1

Wenn man ein Boot mit Antrieb, also in unserem Fall ein Dampfschiff bauen möchte, braucht man erst mal einen Ort, wo der Dampf entstehen kann. Diesen nennt man Boiler. Und dieser Boiler sollte nicht nur besonders dicht, sondern auch feuerfest sein. Eine Majo-Tube ist aus Metall und damit bestens geeignet. Die Tube hat praktischerweise auch nur einen Aus- und Eingang. Perfekt.

Ich puste die Tube wie einen einen Luftballon auf (liest sich komisch, funktioniert aber), damit ist der Boiler fertig. Fehlen nur noch Wasser und Düsen, aus denen der Dampf herausschießen kann!

FESTE PUSTEN!

DAS ANDRÉ-DAMPFSCHIFF // BILD 01

TIPP: Wascht die Tube vorher gut aus! Denn Mayonnaise gehört auf die Pommes und nicht auf die Hose!

2 Ich stecke die Strohhalme in den Boiler, in die Öffnung der Tube. Jetzt alles ordentlich dicht verkleben. Dafür nehme ich nicht nur normalen Kleber, sondern auch Heißkleber! Doppelt hält besser!

Ob alles gut verklebt ist und wirklich dicht ist, kann man auch testen! Einfach mal in einen Strohhalm pusten, die Luft darf jetzt nur aus dem anderen Strohhalm wieder herauskommen.

Alles dicht? Dann kann es weitergehen.

3 Aus einer leeren Saftpackung baue ich ein Boot. Dafür die Packung in zwei Teile schneiden. Der große Teil wird unser Boot.

4 In den Bootsboden bohre ich (mit der Schere oder einem Schraubenzieher) ein Loch für die beiden Strohhalme. Immer mal wieder die Halme testweise durchstecken, das Loch darf nicht zu groß werden.

→ SO WIRD'S GEMACHT:

5 Die Strohhalme ganz durch das Loch schieben, bis der Tubenboiler den Bootsboden berührt. Bei mir sind die Strohhalme etwas zu lang. Ich hab sie gekürzt und die Reststücke wie kleine Schornsteine an das Boot geklebt. Sieht super aus! Den Boiler nun so biegen, dass darunter noch Platz für ein Teelicht bleibt.

6 Nun das Loch, durch das die Strohhalme ragen, gut mit Heißkleber abdichten. Fast fertig! Die Strohhalme unten am Schiffsboden festkleben, damit der Wasserdampf aus dem Boiler nur nach hinten strömen kann und das Schiff ordentlich Knoten macht!

7 Während der Kleber trocknet, könnt ihr das Boot noch bunt anmalen. Dann mit einer kleinen Spritze Wasser durch einen der Strohhalme in den Boiler füllen.

BLUB BLUB BLUB ...

8 Jetzt das Teelicht anzünden und unter den Boiler stellen. Die Kerze bringt das Wasser im Boiler zum Kochen und schon heißt es: »Volle Kraft voraus!«

WAS HERR FUNK DAZU NOCH WEISS:

WAS HERR FUNK DAZU NOCH WEISS:

Andrés Boot knattert! Das liegt daran, dass sich das Wasser im Boiler mit einer Explosion in Dampf verwandelt. Die Explosionen knattern dann aus den Strohhalmen hinaus. Nach der Explosion herrscht in der Majo-Tube ein Unterdruck. Der entsteht dadurch, dass die gesamte heiße Luft durch die Explosion hinausgedrückt wurde. Der Unterdruck sorgt nun dafür, dass Wasser wieder durch die Strohhalme zurückgesaugt wird. Dadurch saugt der Motor sich also immer wieder frisches Wasser an. Das Wasser erhitzt sich erneut, verdampft explosionsartig und der Kreislauf beginnt wieder. Irgendwann geht bei Andrés Boot die Kerze aus, dann ist sein Brennstoff, der für die Hitze benötigt wird, aufgebraucht.

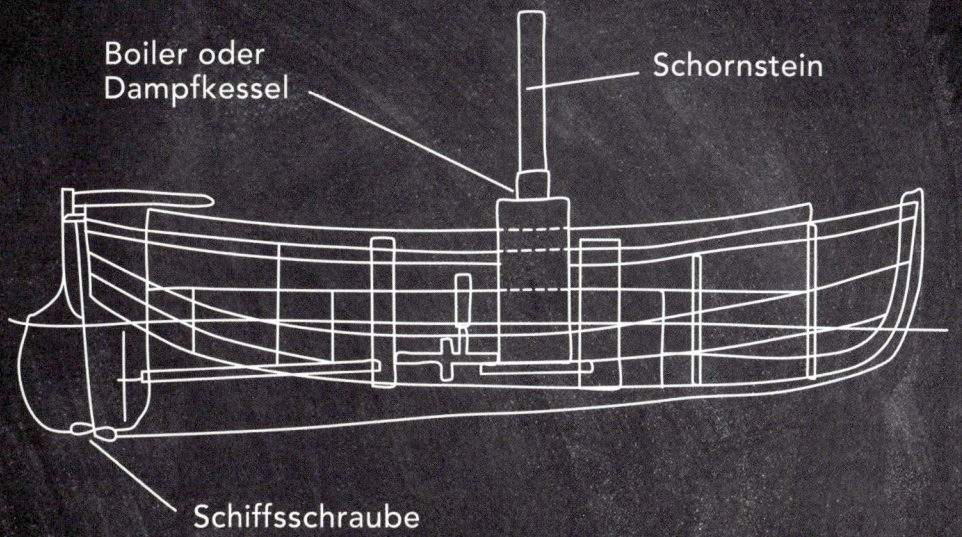

Boiler oder Dampfkessel
Schornstein
Schiffsschraube

Übrigens, Dampfschiffe gibt es bereits seit über 300 Jahren. Damit sind sie die ältesten Motorschiffe der Menschheit. Zuvor waren Segel oder Ruder die einzige Antriebsmöglichkeit für ein Schiff. Mit den Dampfschiffen änderte sich das, statt Segelmasten hatten die Schiffe nun Schornsteine. Die Kessel, die das Wasser zu Dampf erhitzten, wurden mit Kohle befeuert. Ohne Kohle fuhr das Dampfschiff also nicht. Schnell kamen die Erfinder auf die Idee, dass man nicht den Dampf direkt aus dem Boot schießen sollte, so wie es bei Andrés Boot passiert, sondern dass der Dampf Kolben antreiben sollte. Die Kolben wiederum brachten die Antriebswelle mit der Schiffsschraube in Bewegung. Eine solche Schiffsschraube hat noch einen wichtigen Vorteil: Man muss keine Löcher für Dampfrohre in den Schiffsboden bohren! Heute gibt es kaum noch Dampfschiffe, die Kolben der Motoren werden mit Schiffsdiesel angetrieben. Der Diesel wird entzündet, er explodiert in der Brennkammer und bewegt so den Kolben. Auf der anderen Seite ist aber auch das schöne Knattern nicht mehr zu hören, was Andrés Boot so einzigartig macht!

DER BESTE BAGGER

Man könnte meinen, ich wäre schon längst raus aus dem Sandkastenalter. Aber mit einem richtigen Bagger ein Loch auszuheben finde ich immer noch faszinierend! Und das alles ohne Baggerführerschein. Wäre doch toll, wenn ich mir einen Bagger bauen könnte …

→ **DAS BRAUCHST DU:**

WERKZEUGE

KLEINER SCHRAUBENZIEHER

SCHERE

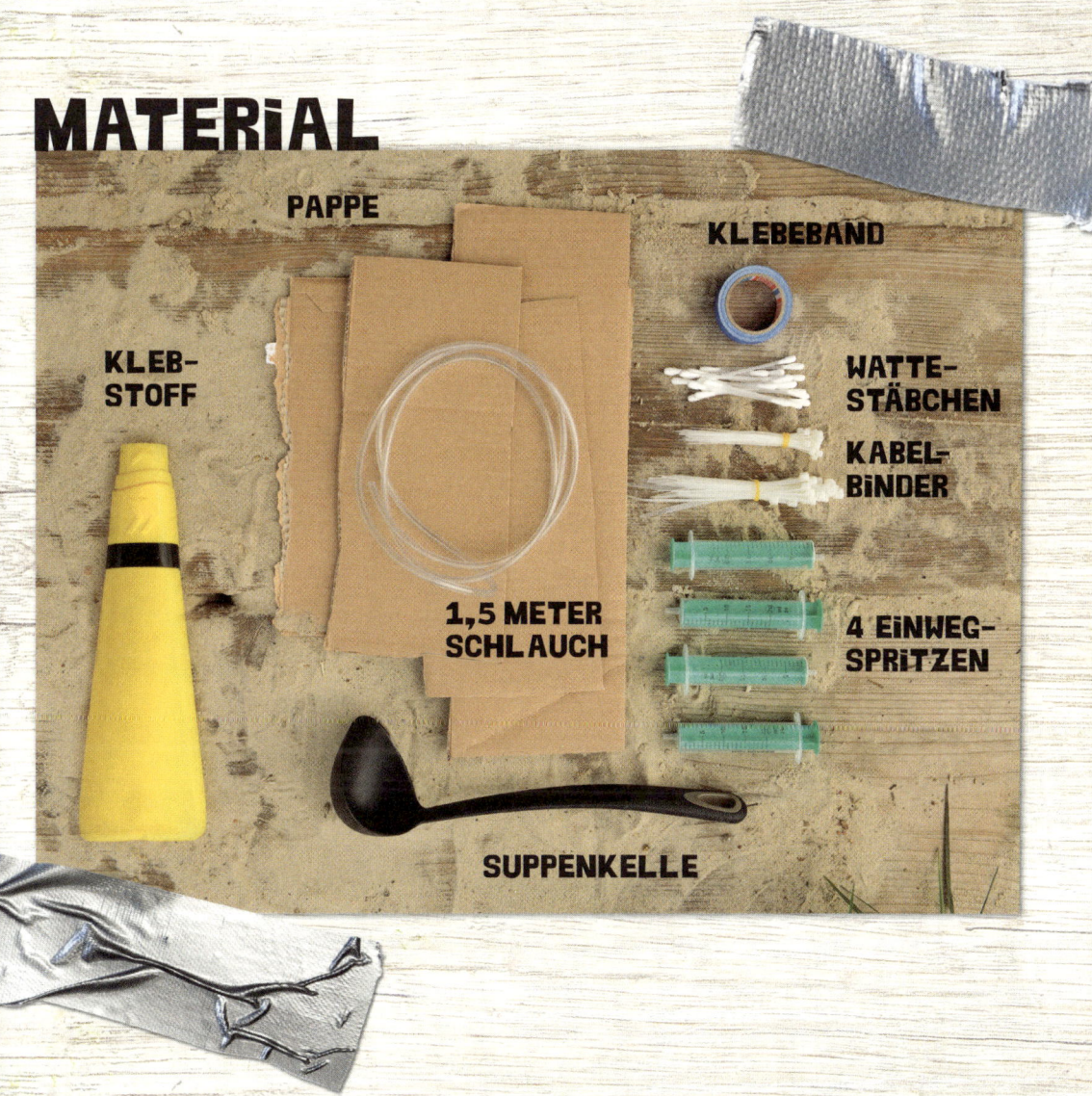

→ **SO WIRD'S GEMACHT:**

1 Ganz besonders wichtig bei so einem Bagger ist ja, dass ich ihn steuern kann. Dafür brauche ich zwei Paar Plastikspritzen, die ich jeweils mit einem Schlauch verbinde.

DER ANDRÉ-BAGGER // BILD 01

GANZ WICHTIG: SCHLÄUCHE LUFTDICHT AUFSTECKEN

DER ANDRÉ-BAGGER // BILD 01A

2 Ich habe zwei solche Spritzenpaare gebaut, damit steuere ich zwei Gelenke des Baggerarms!

3 Wenn ich jetzt die eine Spritze zusammendrücke, dann wandert die Luft durch den Schlauch und drückt den Kolben der zweiten Spritze heraus. Und umgekehrt.

KLEINER TIPP: Du kannst auch Wasser in die Spritzen füllen, wenn der Bagger richtig schwere Dinge heben soll. Mit Wasser wird der Bagger superstark! Und wenn du das Wasser noch mit Lebensmittelfarbe einfärbst, wird der Bagger richtig bunt!

→ **SO WIRD'S GEMACHT:**

4 Jetzt baue ich die einzelnen Glieder des Baggerarms und den Baggerfuß. Dafür schneide ich sechs dicke Pappstreifen (drei davon schmaler) und ein großes Viereck aus einem Karton. Das Viereck lege ich zur Seite, das brauche ich erst später.

5 Mit dem Schraubenzieher bohre ich vier Löcher in einer Reihe in die Pappe. Die Löcher sollten gleichmäßig verteilt sein.

6 Von den Wattestäbchen schneide ich die Watte ab. Dann stecke ich sie jeweils in die mittleren Löcher und in eines der Endlöcher.

7 Die Stäbchen mit den Kartonstreifen gut mit Flüssigkleber verkleben. Während der Kleber am ersten Arm trocknet, baue ich schon den zweiten!

→ **SO WIRD'S GEMACHT:**

8
Dann stecke ich den schmaleren Pappstreifen oben auf die Wattestäbchen und verklebe sie. Die Enden beider Armteile verbinde ich mit jeweils einem Wattestäbchen und verklebe sie von außen. Das innere Armgelenk wird nicht verklebt, das muss sich bewegen können.

9
Dann wieder alles gut verkleben. Fertig ist der Arm aus Armteilen und Gelenken.

10
Nun befestige ich Kabelbinder am vorderen Teil der Spritze und am hinteren Ende des Kolbens. Achtung: Nicht zu fest ziehen! An diesen Kabelbinder binde ich gleich weitere Kabelbinder fest.

11

Einen weiteren Kabelbinder ziehe ich unter dem Kolben durch. Jetzt kann ich den Kolben an einem der mittleren Stäbchen am ersten Gelenk des Baggerarms befestigen. Dazu ziehe ich den Kabelbinder um das Stäbchen ganz fest zu. Den abstehenden Kabelbinderteil schneide ich ab.

12

Unter den Kabelbinder (an der Spitze der Spritze) schiebe ich einen zweiten Kabelbinder. Dieser wird an dem anderen mittleren Stäbchen festgezogen. Schritt 10 bis 12 wiederhole ich auch am zweiten Gelenk des Arms.

→ **SO WiRD'S GEMACHT:**

13

Kleiner Test: Wenn ich nun auf den Kolben der Spritze drücke, geht die Spritze zwischen den Armteilen auseinander. Mein Baggerarm bewegt sich!

ASTREiN!

14

Nun ein Ende des Baggerarms gut und fest auf einem Kartondeckel verkleben. Das wird der Baggerfuß. Den kann man auch mit Steinen beschweren, der Baggerfuß darf sich ja nicht bewegen!

TOP!

DER ANDRÉ BAGGER // HERR FUNK

KÖNNEN SIE MIR HELFEN, HERR FUNK?

Aber Sekunde mal, was nehme ich denn als Schaufel? Ich frag mal meinen Nachbarn, Herrn Funk, vielleicht weiß der was.

»Hallo Herr Funk, Sie sind ja auch immer und überall. Haben Sie zufällig eine kleine Baggerschaufel für mich?«

»Hallo André, ich mache Urlaub am See mit meinem neuen Campingbus! Der hat eine Komplettausstattung. Aber leider ohne Baggerschaufel … Aber versuch es doch mal mit dieser Suppenkelle, viel Spaß!«

»Danke!«

→ **SO WiRD'S GEMACHT:**

15

Als Schaufel nehme ich also die alte Suppenkelle. Diese Kelle klebe ich mit Klebeband an das freie Ende meines Baggerarms.

FAST FERTiG!

16

Fertig ist mein Bagger! Mit den beiden Spritzen kann ich den Arm und die Schaufel steuern und so richtig im Sand baggern!

WAS HERR FUNK DAZU NOCH WEISS:

Andrés Bagger funktioniert mit einer sogenannten »pneumatischen Steuerung« (wenn er die Spritzen mit Luft füllt) oder einer »hydraulischen Steuerung« (wenn er die Spritzen mit Wasser füllt). Das heißt, dass André die Luft oder das Wasser unter Druck setzt, um einen Kolben zu bewegen. Wenn man Luft zusammendrückt, dann federt sie etwas nach. Das Tolle an Flüssigkeiten wie Wasser ist, dass man sie nicht zusammendrücken kann. Du kannst übrigens mit weiteren Spritzenpaaren noch mehr Bewegung in den Baggerarm bringen oder ihn verlängern. Probiere es doch mal aus und erfinde deinen ganz eigenen pneumatischen oder hydraulischen Baggerarm!

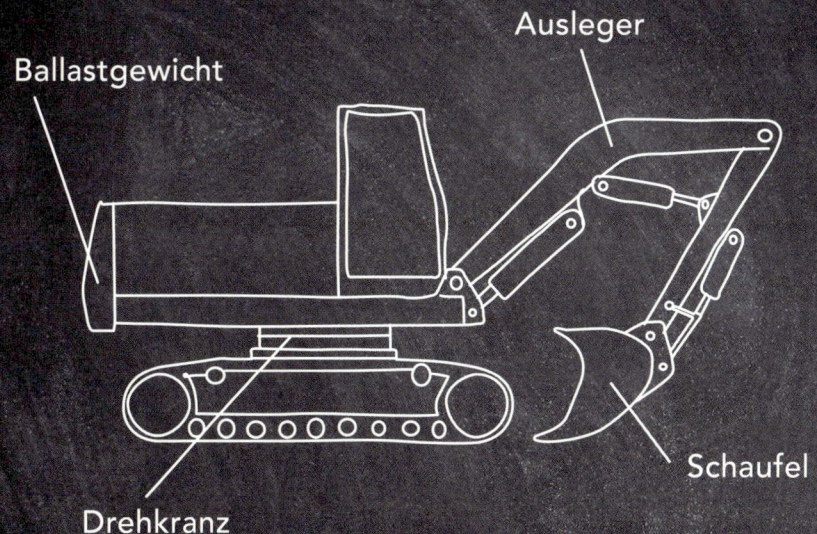

Übrigens, die großen Bagger verwenden entweder Druckluft oder statt Wasser Öl. Das Öl hat den Vorteil, dass man noch viel größere Kräfte übertragen kann. Ganz wichtig ist aber auch hier, dass der Schlauch nicht platzen darf! Der große Vorteil von Pneumatik- oder Hydrauliksystemen ist, dass man eigentlich nur einen Motor braucht, der den Druck im Schlauch erzeugt. Dann kommen Ventile zum Einsatz, die diesen Druck in die unterschiedlichen Kolben der Maschine freigeben. Der Druck kann dann sehr genau gesteuert werden und der Baggerarm so exakt gesteuert werden. Fast so genau, wie du deinen eigenen Arm bewegen kannst. Natürlich brauchen Baggerfahrer dafür viel Übung! Ein Nachteil hydraulischer Maschinen ist allerdings oft die Lautstärke. Der Motor, der den Druck aufbaut, ist häufig sehr laut, ebenso wie die vielen Ventile. Da sind Ohrenschützer Pflicht. Dennoch, per Hydraulik kann man die schwersten Dinge heben und die feinsten Aufgaben per Bagger oder Roboterarm ausführen!

DiE EiSCOOLE EiSMASCHiNE

Ich liebe Eiscreme! Egal, wann und wo – und das meine ich so! Im Sommer, im Frühling, im Herbst oder im Winter – egal! Es gibt einfach nichts Besseres. Selbst im Snowboard-Urlaub in den Bergen. Wenn das Eis hier nur nicht so schwer zu bekommen wär! Und an einem Schneeball lutschen schmeckt auch nicht! Ich hab's! Ich baue mir einfach meine eigene **ANDRÉ-EiSMASCHiNE!**

→ **DAS BRAUCHST DU:**

WERKZEUGE

MATERIAL

- 2 RUNDE PLASTIKFLASCHEN
- SALZ
- KAKAO
- ZIPPTÜTE
- ZUCKER
- SCHLAGSAHNE

➜ SO WIRD'S GEMACHT:

HMMM LECKER!

1 Zuerst nehme ich zwei leere Plastikflaschen. Von denen schneide ich mit dem Cutter den oberen Teil ab. Das werden die Seitenteile meiner Eiswalze!

2 Von einer der Plastikflaschen schneide ich auch den Boden ab. Übrig bleibt ein Plastikrohr, meine eigentliche Eiswalze. In das Plastikrohr stecke ich rechts und links die beiden Oberteile der Flaschen hinein.

3 Wenn ich meine Walze jetzt über den Boden rolle, dann dreht sich das Mittelteil. Perfekt!

WELCHE EISSORTE MAGST DU AM LIEBSTEN?

4 Jetzt kommen wir zum wichtigsten Teil: dem Schokoladeneis! Dazu nehme ich einen wiederverschließbaren Plastikbeutel und fülle eine Tüte Schlagsahne hinein. Dazu noch Kakaopulver für den Schokogeschmack und ein bisschen Zucker. Es soll ja süß schmecken, mein Eis!

→ **SO WIRD'S GEMACHT:**

5

Den Beutel verschließe ich und stecke ihn in die Walze. Jetzt kommt noch jede Menge Schnee rein, der die Sahne kühlt. Wenn ich das jetzt richtig schüttle, wird das Eis schön massiert. Das muss sein, sonst habe ich nachher kein cremiges Eis, sondern einen festen Eisblock.

6

Aber irgendwie reicht das noch nicht! Der Schnee in der Walze schmilzt durch die wärmere Sahne im Beutel. Der Schnee muss noch kälter werden! Am besten mit Salz! Das klingt komisch, weil ja Salz sonst bei Glatteis gestreut wird, damit es taut. **ICH WEISS ABER VON HERRN FUNK, DASS DAS FUNKTIONIERT!** Also gebe ich das Salz zu dem Schnee und vermenge die Mischung. Jetzt wird es richtig kalt!

7 Die Walze walzt, der Salzschnee kühlt und massiert die Schokosahne. Es funktioniert! Je länger man walzt, umsooooo llleecckkerer!

HHMMMM ▷▷▷

8 Und jetzt der Test, ob das Eis auch schmeckt! Hm, lecker! Super, so eine Eismaschine!

FERTiG!

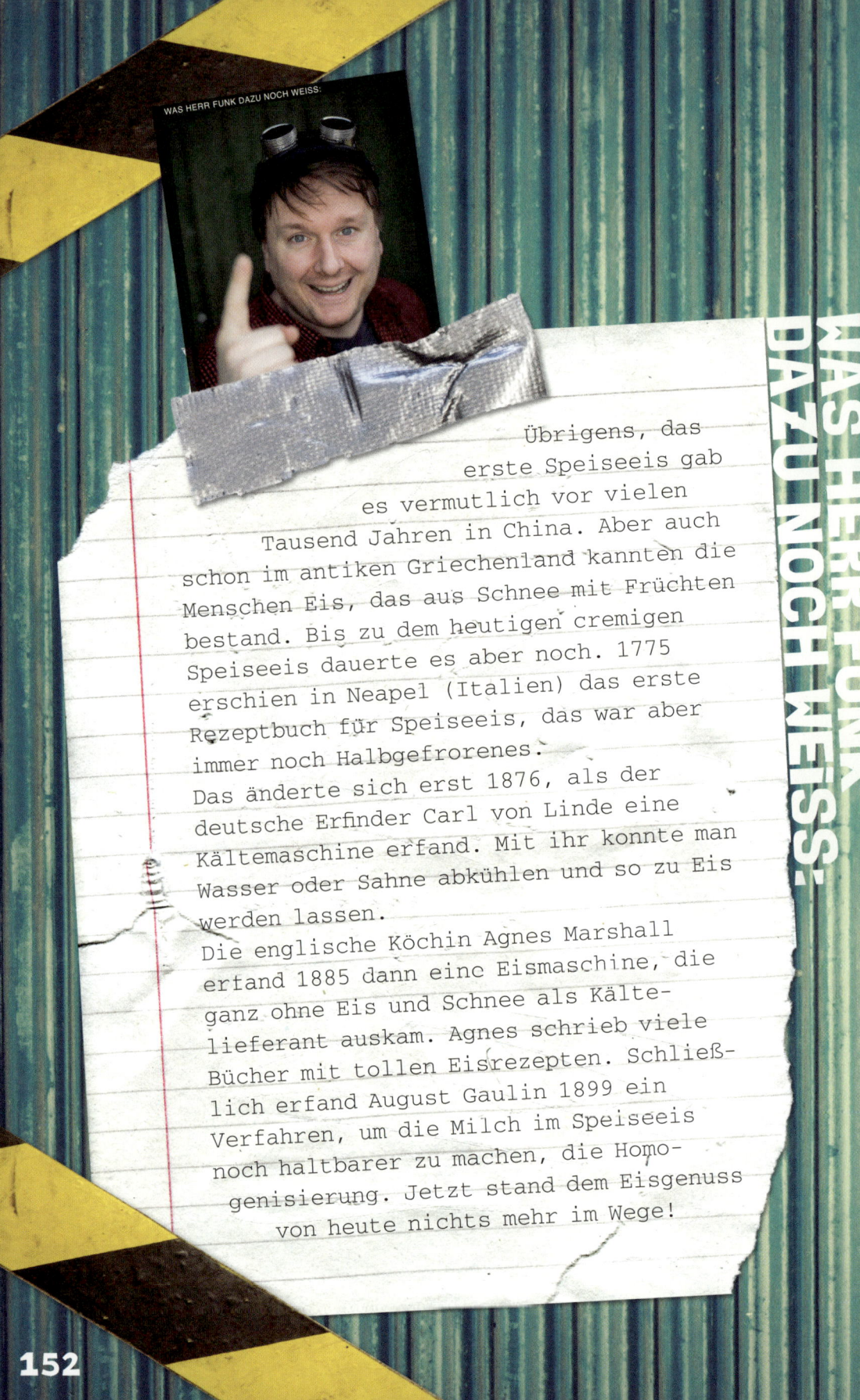

WAS HERR FUNK DAZU NOCH WEISS:

Übrigens, das erste Speiseeis gab es vermutlich vor vielen Tausend Jahren in China. Aber auch schon im antiken Griechenland kannten die Menschen Eis, das aus Schnee mit Früchten bestand. Bis zu dem heutigen cremigen Speiseeis dauerte es aber noch. 1775 erschien in Neapel (Italien) das erste Rezeptbuch für Speiseeis, das war aber immer noch Halbgefrorenes.

Das änderte sich erst 1876, als der deutsche Erfinder Carl von Linde eine Kältemaschine erfand. Mit ihr konnte man Wasser oder Sahne abkühlen und so zu Eis werden lassen.

Die englische Köchin Agnes Marshall erfand 1885 dann eine Eismaschine, die ganz ohne Eis und Schnee als Kältelieferant auskam. Agnes schrieb viele Bücher mit tollen Eisrezepten. Schließlich erfand August Gaulin 1899 ein Verfahren, um die Milch im Speiseeis noch haltbarer zu machen, die Homogenisierung. Jetzt stand dem Eisgenuss von heute nichts mehr im Wege!

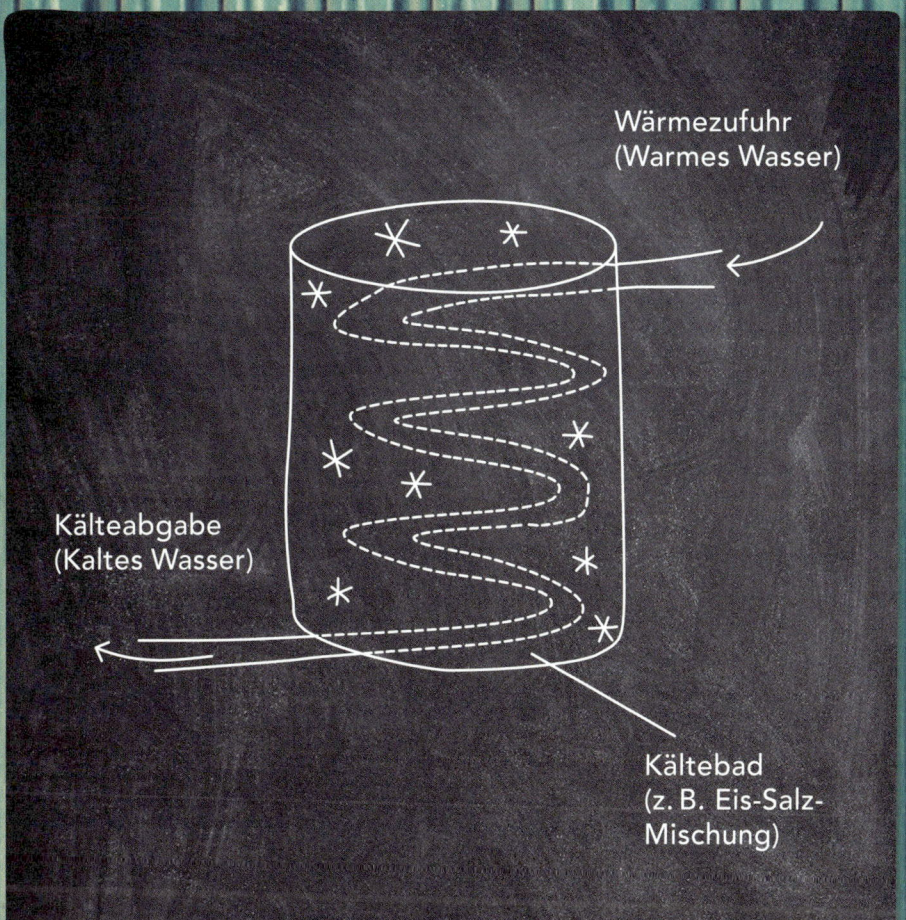

Mit Salz und Schnee hat André eine Kältemischung erzeugt. Die wird bis zu -10°C kalt. Also Vorsicht mit euren Händen! Es wird sehr, sehr kalt! Aber um kühlen zu können, muss der Schnee kälter als Eis werden. Und das funktioniert so: Das Salz entzieht dem Schnee Wasser und damit auch Wärme, die im Wasser gespeichert ist. Das Resultat ist eisig kalter Schnee.

DAS SIND DIE AUTOREN!

ANDRÉ GATZKES Leben ist bunt – nach einer Ausbildung als Ergotherapeut arbeitet er seit 2001 vor allem fürs Fernsehen.

Der Wahlkölner André ist aus der Fernsehlandschaft von ARD, WDR und KiKA nicht wegzudenken. Angefangen mit »Die Sendung mit der Maus«, »Die Sendung mit dem Elefanten«, »2 durch Deutschland« und und und ...

André ist vielseitig und deshalb nicht nur auf der TV-Bühne zu Hause. Zusammen mit Anke Engelke und dem WDR-Orchester steht er im Rahmen einer Konzertreihe für Kinder auf den Brettern, die die Welt bedeuten. Daneben vertont er Hörspiele wie »Die drei ???« und ist Autor von »Das André Spielebuch«, aus dem die beliebte André-Spieleshow entstand.

Für mehr Infos: www.andregatzke.de

SEBASTIAN FUNK, auch bekannt als Herr Funk, ist Lehrer für Mathematik und Physik und Wissenschaftsjournalist für die TV-Formate »Quarks & Co.«, »W wie Wissen«, »Die Sendung mit der Maus« und der Wissenschaftssendung »Leonardo«.

Herr Funk ist Bastler und Erfinder. Sein Ziel: Die faszinierende Welt der Naturwissenschaften verständlich zu erklären und die Faszination für diese zu wecken. Mehr von Herrn Funk findet ihr auf seinem Kanal bei Youtube.

HEUTE MÖCHTE ICH MICH EINFACH MAL BEI ALLEN FÜR ALLES BEDANKEN. Vor allem aber bei denen, die mir den Raum und die Möglichkeit geben, mich immer wieder selbst neu zu erfinden. **UND MICH DAMIT ZU DEM WERDEN LASSEN, DER ICH BIN! GLÜCKLICH!** Ihr wisst schon, wen ich meine. Und natürlich bei euch, den Lesern und Erfindern, die das Vertrauen und den Mut haben, etwas zu erfinden.

ANDRÉ & SEBASTIAN

Ich bedanke mich bei meinen Eltern und meiner Familie. **BESONDERS BEI MEINEN VERSTORBENEN OPAS,** die mir das Tüfteln und Erfinden als Kind beigebracht haben!

Einfach mal drauflos gespielt!

André Gatzke

DAS ANDRÉ SPIELEBUCH

Gebunden
384 Seiten
Beltz & Gelberg
(75407)

Andrés umfangreiche Spielesammlung ist kunterbunt, in jeder Lebenslage einsetzbar und braucht keinerlei Vorbereitung. Gespielt werden kann überall und sofort, egal, ob drinnen oder draußen, alleine oder zu mehreren, laut oder leise ...

Das Buch ...

- enthält 365 Spiele für jeden Tag im Jahr, kurz erläutert und schnell gespielt
- ist aufwendig und modern gestaltet in einer Mischung aus rund 200 Illustrationen und 50 Fotos
- ist ein wunderbares Geschenk für Kinder und alle, die mit Kindern zu tun haben

www.beltz.de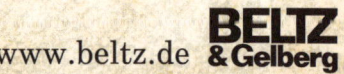

Dieses Buch ist erhältlich als:
ISBN 978-3-407-82326-7 Print

© 2017 Beltz & Gelberg
in der Verlagsgruppe Beltz · Weinheim Basel
Werderstraße 10, 69469 Weinheim
Alle Rechte vorbehalten
Gesamtgestaltung und Illustrationen:
Annette Wolter (www.annettewolter.de)
Bildnachweis: alle Fotos von André Gatzke & Sebastian Funk, außer: de.freepik.com (Seite 20, 32, 42, 50, 62, 74, 84, 98, 106, 116, 126, 142, 152), www.fuzzimo.com (Seite 1, 7, 34, 35, 76, 77, 118, 155, 160), Felix Stöve (Seite 4 Erfinderfoto André, Portrait Funk, Zeltfoto Seite 61), pixabay.com (Seite 2, alle Hintergründe, alle Papierzettel & Tafeln, alle Klebestreifen)
Herstellung: Sarah Veith
Druck & Bindung: Beltz Bad Langensalza GmbH,
Bad Langensalza
Printed in Germany
1 2 3 4 5   21 20 19 18 17

Weitere Informationen zu unseren Autoren und Titeln finden Sie unter: www.beltz.de